面向任务的快速响应空间卫星
部署优化设计方法

Research on Task−specific Satellite Deployment
Optimization in Operationally Responsive Space

陈盈果　张忠山　刘晓路　著

国防工业出版社
·北京·

内 容 简 介

　　本书结合我国快速响应空间体系研究现状、组成部分和实际应用需求,系统地介绍了快速响应空间部署优化相关知识,主要内容包括:面向不同应急场景下的快速发射、在轨重构和多星组网三种快速响应模式和应用流程;三种快速响应模式下的效能评估和部署优化模型;针对不同快速响应模式特点的优化与决策方法。

　　作为系统深入研究快速响应空间体系应用的专著,本书主要面向快速响应空间论证、设计、评估等相关专业的研究生,也可作为从事快速响应空间系统运行管理的工程技术人员参考书。

图书在版编目(CIP)数据

面向任务的快速响应空间卫星部署优化设计方法 /
陈盈果,张忠山,刘晓路著 . —北京:国防工业出版社,
2020. 9
ISBN 978-7-118-12154-4

Ⅰ. ①面… Ⅱ. ①陈… ②张… ③刘… Ⅲ. ①人造卫
星-快速响应-最优设计　Ⅳ. ①V423. 4

中国版本图书馆 CIP 数据核字(2020)第 151585 号

※

国防工業出版社 出版发行
(北京市海淀区紫竹院南路 23 号　邮政编码 100048)
北京龙世杰印刷有限公司印刷
新华书店经售

*

开本 710×1000　1/16　印张 8¾　字数 142 千字
2020 年 9 月第 1 版第 1 次印刷　印数 1—1500 册　定价 69.00 元

(本书如有印装错误,我社负责调换)

国防书店:(010)88540777　　　书店传真:(010)88540776
发行业务:(010)88540717　　　发行传真:(010)88540762

如何满足针对突发事件、反恐维稳、灾害救援等具有突发性、短暂性和局部性的观测需求，是未来国家安全所关心的重要问题。传统空间系统以提供战略服务为目的，技术复杂、成本昂贵，难以有效对这类事件进行情报保障。因此，迫切需要构建高效、快速响应的空间系统（Operationally Responsive Space，ORS），以满足多样化的应急任务需求，实现对应急目标的快速响应。当前，以低成本、低风险、短研制周期、快速发射、快速响应为特点的小卫星逐渐成为空间系统的重要组成部分，一系列新技术、新概念、新管理方式在小卫星中的成熟应用，为 ORS 的发展提供了技术支持。

在应用需求和技术支持的背景下，本书将 ORS 作为常规空间系统的有益补充，以快响小卫星为主要研究对象，以充分发挥我国航天资源在应对各种突发事件下的空间观测优势为目的，综合运用多目标优化与决策技术，深入研究面向任务的 ORS 卫星部署优化中存在的问题及关键技术，提出了相应的求解方法。

本书结合我国 ORS 体系结构研究现状、组成部分和实际应用需求，研究了面向任务的三种快速响应模式：快速发射模式是在当前空间系统无法提供对应急任务的响应要求时，快速发射一颗小卫星在一定周期内进行应急观测；在轨重构模式通过调整在轨运行的多颗卫星间的相对位置，从而提高对短周期、临时任务的响应能力；多星组网模式是基于在轨重构、补网发射的卫星，旨在针对移动目标实现多种载荷协同观测，多颗成像卫星能力互补。

本书针对快速发射卫星的轨道部署优化，设计了基于规则的简单任务规划来满足用户观测偏好，进而对轨道方案进行效能评估。求解部署优化问题时，提出了考虑局部搜索的自适应差分进化算法，实现了以较小的时间成本实现了对最优点的局部搜索。

　　本书针对在轨重构模式下的轨道部署优化,提出了处理维数可变的多目标差分进化算法,设计了基于多个子种群的初始化方法、基于估计分布的变异算子和自适应的交叉算子,确保算法在提高搜索能力的同时还保持种群多样性和分布的均匀性。针对算法产生的多个非支配解,本书设计了考虑用户决策偏好的可视化决策方法,验证了通过在轨重构模式来提高对应急目标响应能力的有效性和可行性。

　　本书围绕移动目标的应急观测,提出了多星组网模式下的卫星部署优化方法,考虑目标移动过程中对方案效能带来的不确定性,将对移动目标的观察描述为一个对潜在区域内随机目标的观测问题,构建了考虑鲁棒性的多阶段效能评估模型,定义了一种新的占优支配关系,基于此提出了面向决策偏好的多目标差分进化算法,在求解卫星配置和轨道部署优化时,能以更少的迭代次数,使算法收敛到满足用户偏好的局部 Pareto 前沿。

　　本书在编撰、形成和出版过程中,得到了国防科技大学系统工程学院的全力支持,得到了国防工业出版社的大力帮助。在此,向他们一并表示由衷的谢意。

作者

2019 年 12 月

CONTENTS | 目录

第 1 章
导　论

　　现阶段我国空间资源在规模和数量上都十分有限,为了满足当前应急情况下或立足未来对特定空间区域的各项能力需求,必须大力整合现有资源,加强体系结构优化,建立一种面向特定区域、快速响应卫星和传统卫星协同观测的空间快速响应体系。因此,快速响应空间的部署优化成为一个具有理论意义和应用价值的热点课题,快速响应空间卫星部署优化作为构建快速响应空间的核心和关键技术,延伸并扩展了传统卫星的轨道部署,引出了新的问题和挑战。

↘ 1.1　军事需求

　　传统的对地观测卫星系统(Earth Observing Satellite System, EOSS)作为一个国家综合国力的体现[1]以及国家安全系统的重要组成部分[2-5],具有成像范围广、在轨时间长等优点,实现了在军事侦察、信息支援等领域的广泛应用。随着世界新军事变革的迅猛发展,使得空间应用不断深入和延伸,如美国战略与预算评估中心于2010年5月提出的"空海一体战"的作战概念[6],强调了空间力量在未来战争中将发挥更加重要的作用。

　　当前,越来越多的军事行动或灾害救援依赖于各种卫星,这其中不仅包括一些传统的观测需求,还包括未来国家安全所关心的新问题:①处置反恐维稳,加强对重点区域的情报收集与分析;②应对周边热点地区(如东海、南海等)的突发事件;③做好对重大自然灾害的救援和评估工作。这些新需求与传统的观测需求相比,具有突发性、短暂性和局部性的特点,因此情报支援的反应速度成为衡量空间系统性能的重要指标之一。传统空间系统以提供战略服务为目的,而且研制时间长、成本高,难以满足突发战争、冲突事件、自然灾害等提出的情报保障需求,原因概括如下[7-11]。

(1)构建传统的 EOSS 耗资高、准备周期长,使得其在设计阶段不会面向战术应用。在卫星部署完成后,根据提交的观测需求,只有当目标刚好处于卫星的视场范围内且卫星满足各种观测约束时,卫星才安排对该目标的观测活动。传统 EOSS 的应用模式严重限制了对某一目标的持续服务能力,无法由战场指挥官调度卫星来提供对特定目标的快速响应,不能及时追踪突发战争或突发危机的变化。例如,在 1990 年的"沙漠风暴"行动中,由于通信卫星提供的能力不能完全满足战争的需要,美军希望快速部署通信卫星来改善对当前行动的通信保障能力,然而当时美军不具备短时间内部署新卫星来满足战场需求的能力。即使在伊拉克战争中,美军所期待的快速响应能力仍没有取得明显进步[12]。

(2)由于战略级服务缺乏针对性,导致传统的 EOSS 无法对应急情况提供高效的服务,难以满足高时间分辨率、高空间分辨率的侦察数据需求。高效可以定义为对特定目标进行的持续覆盖、快速重访、快速响应等。例如,在灾害救援过程中,用户希望 EOSS 能够在灾害发生后及时提供图形支持,并保证快速重访,以便了解灾害的救援进展情况。显然,传统 EOSS 能否提供这种能力,取决于在轨卫星当前运行状态和既定的轨道根数。

(3)虽然现有 EOSS 具有一定的机动性,能够通过轨道机动来改变覆盖能力或重访时间,但通过调整某颗卫星的轨道根数来满足覆盖性和响应性的要求,将扰乱该卫星既定的使命任务,也将严重影响卫星的生命周期,不能成为实际应用中的理想方案。同时,随着反卫星技术的发展和应用,充分暴露了现有卫星系统的脆弱性,在轨卫星面临的风险日益增多,迫使我们不得不考虑卫星系统在遭到攻击后的快速恢复和补充能力。

鉴于传统 EOSS 的上述特点并结合当前实际需求,迫切需要发展空间快速进入技术,构建高效、快速响应的 EOSS,这成为各国在更新发展思路、巩固空间优势时所需解决的一个关键问题。为此,美国率先提出了快速响应空间(Operationally Responsive Space,ORS)的概念[13-17]。ORS 指的是,在发生战争或自然灾害等突发事件时,为满足多样化的应急需求,在短时间内完成航天器的生产、装配、测试、发射和运行维护任务,使航天器尽快进入执行任务的目标轨道,实现对应急任务的快速响应[18]。需要指出的是,当出现紧急情况时,ORS 并不是完全取代传统的 EOSS,而是希望实现对后者的有益补充[7,12,19,20]。ORS 自提出以来,一直受到美国、俄罗斯、中国[21,22]等航天大国的高度关注,并将其作为重点发展的航天技术方向之一[23,24]。

除了传统 EOSS 在应急情况下暴露的缺点为构建 ORS 提供了应用需求外,小卫星的发展为 ORS 的诞生提供了技术支持。进入 21 世纪后,以低成本、低风险、短研制周期、快速发射、快速响应为特点的小卫星逐渐成为空间系统的重要组成部分,其不仅广泛应用在侦察监视、通信、导航、空间对抗等军事领域,还渗透到国民经济的方方面面,如灾害监测、城市建设、交通运输等民用领域[25]。一系列新技术、新概念、新管理方式在小卫星中的成熟应用,为 ORS 的发展提供了技术支持。

在应用需求和技术支持的背景下,研究面向任务的 ORS 卫星部署优化设计,对于提高我国航天资源应对故障或其他突发事件等不确定情况下的系统响应能力具有重要意义。结合我国国情,以及催生 ORS 的应用需求和技术条件表明:ORS 包括空间系统、发射系统和地面应用系统等多个组成部分,涉及很多关键技术,构建 ORS 是一项复杂的系统工程[23]。除关注卫星配置与轨道部署的相关方法外,还应建立一套科学的、适用于未来作战需求和作战样式的指挥流程、管理体系和决策支持手段。ORS 面向的是既定的服务对象,因此在构建 ORS 时,一方面要确保对应急需求的成像保障,集中空间资源提高对重点地区的响应能力;另一方面,ORS 要具备一定鲁棒性和可扩展性。鲁棒性指来自 ORS 内部或外部参数变化不至于给 ORS 效能带来大的影响;可扩展性指前期构建的 ORS 充分考虑后续卫星增补给系统效能带来的影响。

因此,本书研究侧重解决以下三个方面的问题:

(1)研究面向任务的快速响应模式及运行流程。传统卫星通过优化调度卫星和地面资源、消解任务冲突、生成计划指令等一系列动作来完成对任务的观测,很少考虑通过卫星机动来改善任务完成能力,同时很少考虑通过新增卫星(或补网发射)来观测目标。快速响应卫星面向战术应用,服务于具体任务,当观测指标无法完成时,一方面利用卫星具有的机动能力,通过轨道机动提高系统效能;另一方面通过快速发射卫星进行补网,实现协同观测,弥补在轨卫星的性能不足。因此,本书研究不同任务需求下对应的快速响应模式和运行流程,兼顾在轨卫星资源和待发射的快速响应卫星,构建具有快速进入、按需重构、灵活扩展的 ORS。

(2)优化 ORS 卫星配置和轨道部署。面向具体任务的观测需求,不管采用哪种快速响应模式,都涉及轨道部署优化,在由多颗卫星构成的协同观测系统中,还面临多颗卫星的配置问题,可见配置和轨道部署策略是 ORS 构建中的重点和难点。卫星配置的选项包括卫星数量和载荷类型(可见光、红外、SAR 等),轨道部署的选项包括轨道类型和轨道参数。因此,对策略的选择实际上是对一个含离散变量的多目标问题进行优化求解,该问题的复杂之处在于:涉及的变量种类多,变量分层,优化结构不定,ORS 的效能难以量化等。而且,每种响应模式下的优化问题特点不一,用户对部署设计提出的要求也不一样,导致无法应用统一的优化方法进行求解,需求针对问题特点设计相应的优化算法。

(3)多目标决策分析。多目标优化算法最终产生的是一个 Pareto 最优解集,决策者(Decision Maker,DM)需要根据一些领域约束、专家知识和偏好信息从集合中选择最终的实施方案。本书研究利用了两种决策分析方法:后验式决策和先验式决策。后验式决策指先通过优化算法获得完整的 Pareto 前沿,然后根据偏好从中选择最终方案;先验式决策通过将决策者的偏好信息集成在优化算法中,指导算法在满足 DM 偏好的区域内搜索,无需浪费资源搜索其他区域,算法终止时获得的是满足用户偏好的局部 Pareto 前沿,该方法能够在较少的迭代次数下获得满意解,对于评估耗时的多目标优化,能减少优化的时间成本。

围绕"ORS 卫星配置与轨道部署"这一主题,结合 ORS 的定义和使命任务,将本书研究边界定义为:以待命状态的快速响应小卫星和在轨运行的卫星(包括快速响应小卫星或传统卫星)为研究对象,设计通过快速部署新的小卫星、调整在轨运行卫星的相对空间结构、不同载荷的多颗卫星组网观测三种响应模式进行面向任务的快速响应,分别开展不同响应模式下的优化设计与决策方法研究。

1.2 研究意义

虽然传统 EOSS 在我国航天装备发展中占主导地位,但是随着突发情况和灾害救援在国家安全中凸显出的重要地位,以及快速响应卫星技术的成熟,使得面向任务的 ORS 将在我国空间技术应用中发挥更加重要的作用。构建 ORS 对空间技术的发展提出了新问题,带来了新挑战,现有的轨道部署方法和优化技术无法完全胜任 ORS 卫星配置与轨道部署优化的要求。下面从理论方法和工程应用两方面概括本书的研究意义。

本书研究的理论意义包括：

（1）本书完善了 ORS 卫星配置与轨道部署优化中所需的各种模型：建立了可见性分析模型，结合星下点通过解析方式计算卫星的视场范围；建立了基于覆盖分析和基于任务规划相结合的效能评估模型，从粗粒度和细粒度两方面对 ORS 进行效能评估；建立了在轨卫星重构模型，以效能、重构成本和重构时间为指标衡量重构方式的优劣；构建了多星组网的成本模型，包括来自在轨重构和快速发射（多星组网时，将快速发射卫星描述为一个 Lambert 轨道转移问题）两方面的成本。这些模型的建立有助于该问题的深入和扩展。

（2）本书延伸了差分进化算法的研究范畴：在不同快速响应模式下，根据问题特点，以差分进化算法为基础，通过采用自适应策略和改进的变异、交叉等算子设计了三种面向问题特点的优化算法，应用这些算法求解不同响应模式下构建的优化问题，使优化后的部署方案能够提高 ORS 响应能力，同时，这些算法同样适用于具有相同问题特点的其他领域。

（3）本书设计了两种多目标决策方法：基于可视化分析的后验式决策和面向决策偏好的先验式多目标优化算法。后验式决策方法根据获得的完整 Pareto 前沿，利用可视化分析技术从中选择 DM 关注的少数方案；先验式多目标优化算法则将决策偏好集成到多目标优化中，通过决策偏好指导算法搜索特定区域，最终获得满足 DM 偏好的局部 Pareto 前沿，有利于高效决策并节省时间成本。

本书研究的工程应用价值包括：

（1）本书开展了不同快速响应模式下的应用研究，提出了一些典型应用示范，通过对典型示范的优化和效能评估，为实际构建 ORS 提供方案探索和理论指导，同时将 ORS 与传统空间进行了对比，证明 ORS 在面向任务的应急响应中的突出优势，总结出一些有用结论，为我国快速响应体系的发展规划提供参考依据和借鉴，也支持对待研或待建快速响应体系的辅助决策。

（2）结合我国面临的常用快速响应需求，本书研究和开发了支持 ORS 卫星配置与轨道部署优化的求解框架，能够生成仿真方案，并辅助 DM 快速决策。在实际中，该框架对于辅助战时以及一些重大应急事件的处理同样具有重要实践指导意义。

第 2 章
快速响应空间部署设计的基本模型与方法

本章首先分析 ORS 体系的组成和特点,结合我国 ORS 体系结构研究现状、组成部分和实际应用需求,分析了快速发射模式和在轨重构模式,在两者基础上提出了多星组网模式。本章构建了快速响应模式和任务类型之间的映射关系,并分析其应用过程和运行流程,着重探讨了 ORS 体系中卫星部署优化和效能评估这两个支撑 ORS 的关键技术,构建了可见性分析模型和效能评估模型,介绍了用于求解该问题的差分进化算法。

↘ 2.1 快速响应空间体系

2.1.1 快速响应空间体系的组成和特点

广义的 ORS[7-9,26] 包括具有快速进入、利用和控制空间资源的空间系统(快速响应小卫星)、发射系统(快速响应运载器、快速响应发射靶场)和地面指挥与应用系统,这三者的有机组合又称为 ORS 体系[27]。ORS 体系的根本目的是快速按需产生遂行情报、监视和侦察(Intelligence, Surveillance and Reconnaissance, ISR)任务的能力。ORS 体系面向战役战术需求,以应对灾害救援和战时保障等突发事件为出发点,通过发射快速响应卫星或优化配置在轨卫星结构来满足一定周期内的紧急需求,能够及时响应战场变化,由战场指挥官直接控制,从研制、组装到发射时间短、成本低,具有高效性、重组性和针对性等特点。

为了充分发挥 ORS 体系的作用,需要对体系结构进行设计优化,进而发挥整体合力。ORS 体系构成如图 2.1 所示,每个系统又包括多个分系统或者表现形式。快速响应空间作为传统空间的有益补充,需要研究 ORS 体系和传统航天装备体系的联系和区别,主要包括以下三个方面[27]。

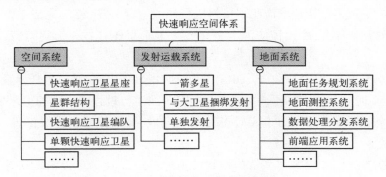

图 2.1　快速响应空间体系的构成

（1）以提供短期、战役服务为特点的 ORS 体系是作为以提供长期、战略服务为特点的传统空间体系的有益补充,未来的空间系统希望两者相辅相成。

（2）ORS 体系和传统空间体系并不完全独立,而是存在一定交集。首先,组成两个体系的基本要素一致,有些要素可以在两个体系中互换;其次,在操作应用方面,可以通过统一的地面应用系统对两者进行协同规划与调度。

（3）一些在传统空间体系经过验证的技术可扩展应用到 ORS 体系中,同时 ORS 体系又可作为对一些新概念、新技术进行验证的低成本平台,从而促进传统空间系统的发展。

本书的研究重点放在 ORS 体系卫星部署优化设计上,其中涉及结构优化、效能评估等方面,并且在不同的响应模式下,卫星部署优化设计的内涵不一样。

2.1.2　快速响应模式

国内外研究机构对快速响应模式进行了一定的研究,David Seo[28] 提出了快速响应发射模式,从体系结构角度优化了发射过程;Wertz James R[29] 针对热点地区提出了按需发射的模式;我国学者[8] 提出了快速发射模式和快速机动模式。美国国家空间安全办公室(National Security Space Office, NSSA)对快速响应空间体系结构进行了研究,总结出以下特点[30]。

(1) ORS 体系结构设计、运行、维护过程中,更加强调面向任务的体系配置、部署优化和对创新管理方式的依赖。

(2) 采用多个快速响应小卫星组成分布式卫星系统,能够完成单颗卫星无法完成的复杂任务,相比传统的大卫星或大卫星星座在技术上更可行,成本更占优势。

(3) 不确定性广泛存在于 ORS 体系的应用过程中:一是应急任务具有不确定性,包括时间和地点的不确定性;二是 ORS 在运行过程中出现的卫星失效、被摧毁带来的不确定性。为了应对多种不确定性,要求体系具有灵活性、扩展性和鲁棒性。

根据 NSSA 对 ORS 体系结构得到的上述结论以及学者提出的快速响应模式,结合我国 ORS 体系结构研究现状、组成部分和实际应用需求,本书拟研究三种快速响应模式:快速发射、在轨重构和多星组网模式,三者关系如图 2.2 所示。

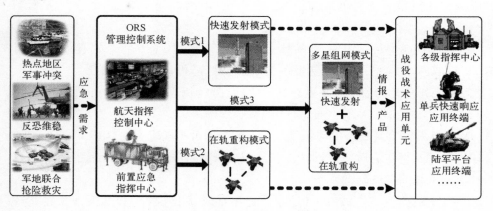

图 2.2　三种快速响应模式的关系

三种响应模式都强调面向任务,但其面向任务的特点又有所区别。快速发射面向的是持续周期相对较长的任务,如侦察监视局部或全球若干个潜在热点地区;在轨重构面向的是临时的、短周期任务,如短周期内为支持灾害救援,提高卫星对灾区的快速响应能力;多星组网面向的是动态环境下的任务,典型的场景如对移动目标的跟踪监视。

1. 快速发射模式

快速发射模式主要是利用地面存储的快速响应卫星,快速部署空间资源来提供所需的空间能力。除此之外,还可以利用平时部署在潜伏轨道的快速响应卫星,应急情况下快速机动部署到执行任务的目标轨道。

快速发射模式部署优化的内涵是一个轨道设计问题,应用该模式时需要解决的核心问题包括:①如何利用已有的平台和设备,在较短时间内完成组装、测试、发射、入轨检测、运行管理等活动;②如何根据需要合理选择该卫星执行任务时的轨道及参数;③针对带有复杂用户观测偏好的紧急需求,如何构建效能评估模型。

应用快速发射模式包括以下典型场景:

(1) 出现应急需求时,当前已有的空间力量难以提供相应的能力:一是当前卫星的运行状态或运行位置无法在有效时间内观测到目标;二是当前空间系统难以满足对特定区域覆盖时间、重访时间等时效性指标。

(2) 对于潜在的冲突地区,需要卫星进行专门的情报保障,而在轨运行的其他卫星正在服务设计时的使命任务,无法提供针对该地区的高效率服务。

2. 在轨重构模式

在轨重构模式是充分利用或挖掘已部署的空间资源,即利用现有在轨运行的空间系统,包括传统卫星和快速响应卫星,通过调整部分卫星的空间位置来满足任务的快速响应需求。

在轨重构模式部署优化的内涵包括卫星配置和相应的轨道设计两个方面。应用该模式时需要解决的核心问题包括:①如何在重构备选卫星集中配置参加机动的卫星组合;②如何确定重构后各颗卫星的轨道根数,即各颗卫星的相对位置,从而弥补重构前的能力短板;③在轨重构需要对效能、重构时间和重构成本进行权衡,为用户提供无差异的多种重构方式,并根据 DM 偏好快速选择最终方案。

应用在轨重构模式包括以下典型场景:

(1) 当前在轨卫星无法满足应急观测需求,而且任务持续周期较短,使得快速发射模式不可用时,可以尝试改变多颗在轨卫星的相对位置来提高响应能力。这种场景下,快速响应卫星完成了应急观测后,需要再次重构回到原始空间位置,继续完成其设计时的使命任务。

(2) 当快速响应卫星完成了既定的使命任务,而且未达到使用寿命时,在紧急情况下,可以改变相对位置来服务于应急任务。这种场景下,快速响应卫星完成了应急观测后,无需重构回到原始的空间位置,可在下一个应急任务出现时作为优先考虑的重构卫星之一。

(3) 在由多颗快速响应卫星构成的卫星系统中,由于部分卫星失效导致卫星系统无法达到设计时的性能,可以通过调整剩余卫星的空间结构来维持或改善响应能力。

3. 多星组网模式

多星组网模式下的卫星系统类似于星群结构,通过多颗独立运行、无相位保持、无动力学联系的快速响应卫星实现功能上的互补,从而提高 ORS 体系的效能。多星组网模式定义在快速发射和在轨重构模式的基础上,一方面支持在轨重构,另一方面在必要时可以通过快速发射进行卫星补网,进行功能重定义。

多星组网部署优化的内涵包括:载荷配置、卫星配置和相应的轨道设计三个方面。应用该模式时需要解决的核心问题包括:①如何配置多种载荷类型,实现多种载荷协同观测,多种成像模式能力互补;②如何统一对在轨卫星和快速发射的卫星进行配置优化,从而确定重构中参与机动的卫星数和需要发射的卫星数;③多星组网时,以应对快速响应体系面临的常规应急需求为出发点,着重强调对具有不确定性的随机突发事件的应急观测,因此要求该模式下的部署方案具有较强的鲁棒性;④多星组网模式相对其他两种模式成本更高,在设计时,必须考虑组网成本。

应用多星组网模式包括以下典型场景:

(1) 单独应用快速发射模式或在轨重构模式都无法提供理想的快速响应能力时,尤其是在动态环境的下的应急观测,可以采用多星组网模式。

(2) 在需要不同载荷协同观测的情况下(如白天可见光成像提高分辨率,晚上 SAR 成像缩短重访时间),采用强调卫星数量配置和载荷类型配置的多星组网模式能更好地完成观测任务。

4. 响应模式与任务需求的映射关系

构建 ORS 体系时,首先需要对三种响应模式的优劣进行对比分析,然后在接收应急观测需求后,根据任务特点,进而明确何种任务需求选用何种响应模式。下面构建响应模式和任务需求的映射关系。

对于快速发射模式,要求按需部署新的快速响应卫星,目前技术相对成熟,通过标准化平台和接口使得卫星的组装、发射、运行维护等一系列活动能在短时间内完成,但是响应时间依赖发射地点和目标位置;如果采用潜伏轨道方式,则部署不受时间窗的限制,更加灵活机动,但前提需要将快速响应卫星提前部署在潜伏轨道上。快速发射模式成本较低,技术难度较小,适合于周期相对较长的任务。本书定义的快速发射模式只考虑部署单颗卫星,不存在多颗星的协同观测。当卫星成功部署后,如果出现新的热点地区,或热点地区位置稍有变化,会严重影响快速响应卫星设计时的效能。

对于在轨重构模式,由于不经过地面发射阶段,而是通过调整卫星间的相对位置,因此就避免了发射地点、气候条件或发射窗口带来的限制,使得卫星能够根据任务请求随时变轨来观测应急任务,响应时间更快。如果利用已经完成使命任务的快速响应卫星,可以用来响应持续时间相对较长的应急任务;如果利用既定使命任务还未完成的卫星进行在轨重构,为了使重构不给原始使命任务带来较大影响,只能用来响应持续时间较短的临时任务,而且重构后还需消耗能量恢复到原始结构。该模式整体的经济性不如快速发射模式,而且技术难度较大,存在一定风险。

对于多星组网模式,结合了上面两个模式的特点。快速发射和在轨重构可以同时开展,使得该模式的响应时间介于以上两种模式之间,但是其成本更高、管理维护难度和操作风险更大。多星组网模式对于应急任务的变动具有较好的鲁棒性,而且能够容忍一定程度的部署失败。该模式的一个特点是可以通过载荷配置,实现不同类型图像的成像,适合于一些特定的应急场合,如对移动目标、火灾救援等的应急观测。

表 2.1 分析了三种响应模式在响应时间、经济性和技术难度三个方面的优劣。为了便于 DM 在应急情况下选择响应模式,分析了每种响应模式的适用范围,构建响应模式与任务特点的映射关系。

表 2.1　响应模式与任务特点的映射关系

快速响应模式	模式 特点			任务 特点		
	响应时间	经济性	技术难度	长效任务	短效任务	移动目标
快速发射	◎	●	●	●	○	○
在轨重构	●	◎	○	○	●	○
多星组网	●	○	○	◎	◎	●
注:●表示指标处于优势地位,◎表示介于两者之间,○表示指标处于劣势地位						

2.1.3 面向任务的快速响应运行流程

面向任务的快速响应运行流程重点分析如何从接收任务请求到实现快速响应,梳理三种不同模式的应用条件,并分析其优缺点。结合快速响应的结构组成可将其运行流程描述如下。

(1) 当出现突发事件,需要进行情报支援时,如果当前的空间系统无法满足突发事件时间、空间分辨率的要求,则用户向快速响应指控中心提交应急观测需求。

(2) 指控中心接收观测请求后,首先分析任务特点,如任务的生命周期、任务的成像条件、任务的分布情况等,然后根据映射关系(表2.1)快速选择一种响应模式。

如果选择的是快速发射模式,则在一系列存储的卫星中(通信、导航、侦察、气象、海洋监视卫星),确定卫星的类型,组装卫星平台和载荷,对卫星轨道参数进行优化设计,然后指控中心根据轨道参数将卫星快速部署到目标轨道上。

如果选择的是在轨重构模式,则结合在轨卫星的运行状态,根据提供的备选重构卫星集,以各颗卫星间的相对位置为优化变量,一方面对参加机动的卫星配置进行优化;另一方面对机动卫星的轨道参数进行优化设计,然后将参与机动的卫星部署到指定位置。

如果选择的是多星组网模式,则需要考虑在当前在轨卫星的基础上,快速发射新卫星。其具体运行流程为:首先选择参加机动的卫星集和待发射的卫星集(可能为多颗),然后对载荷和参与组网的卫星进行配置优化,进而确定每颗卫星的最佳轨道参数,最后通过快速机动或发射,完成多星组网。

(3) 卫星到达任务轨道后,则进入运行管控阶段,此阶段的主要任务为根据任务规划的方案进行成像、回传、数据处理分发等。快速响应的运行流程结束。

该运行流程实际上包括了需求分析、响应模式决策、配置与部署优化、快速响应和运行管控五个部分,快速响应体系的最终效能发挥依赖这五个部分的协同配合。从图2.3中可以看出,本书的研究集中在前三部分。

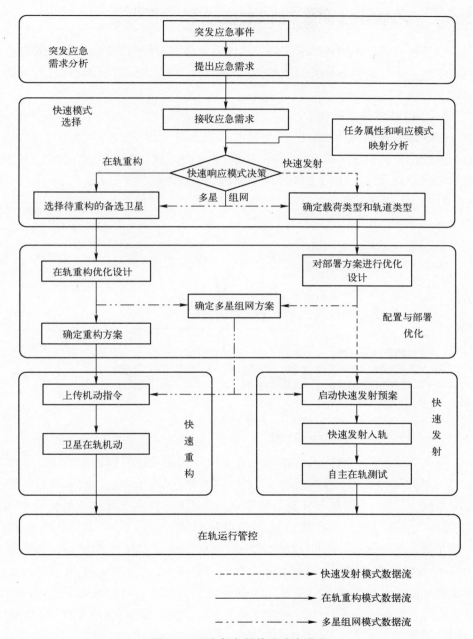

图 2.3　面向任务的快速响应流程

2.1.4 快速响应空间体系的关键技术

本节首先确定了快速响应空间技术体系结构,从技术视角总结了构成快速响应空间体系所需的各种关键技术,并重点分析了与 ORS 卫星部署优化有关的关键支撑技术。

1. ORS 技术体系结构

ORS 体系包括:空间系统、快速发射部署系统和地面应用系统三个系统。每个系统都涉及很多关键技术,根据文献[7,8]的总结,参考目前 ORS 技术体系结构的研究现状,确定了如图 2.4 所示的技术体系结构。

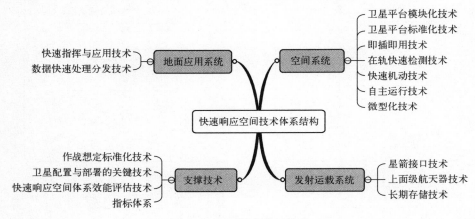

图 2.4　ORS 技术体系结构

空间系统中的关键技术旨在实现卫星和载荷在最短时间内完成组装和测试等一系列工作。卫星又包括推进系统、姿控系统、电源系统、通信系统、综合电子系统等,其生产过程十分复杂和繁琐,这就要求卫星及其载荷组装的模块化、标准化和微型化。在此基础上,可以利用即插即用(Plug-and-Play)技术、在轨快速检测技术、自主运行技术等来提高快速响应卫星处理复杂任务的能力[31]。发射运载系统中的关键技术旨在实现快速集成、快速发射,在长期存储技术的基础上,利用"星箭一体式"、上面级航天器技术等解决快速响应卫星的发射问题。地面应用系统中的关键技术旨在实现任务规划,以及将获得的数据分发给战役战术单元。

本书的研究重点放在配置和部署支撑技术上,简要介绍如下。

2. ORS 配置与部署问题的关键支撑技术

1）ORS 效能指标体系

假定本书观测的对象为点目标,结合文献[32]和文献[33],图 2.5 给出了本书采用的 ORS 效能指标体系。

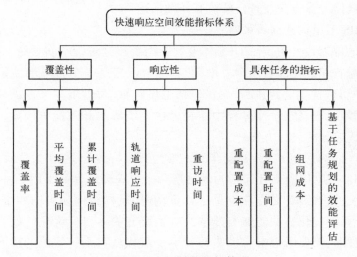

图 2.5　ORS 效能指标体系

如图 2.5 所示,效能指标可以分为三个方面。

（1）覆盖性。覆盖性是描述快速响应卫星对目标的观测情况,具体包括覆盖率、平均覆盖时间、累计覆盖时间等。覆盖性只是粗略地描述卫星的覆盖能力,没考虑两次（或多次）覆盖中的间歇情况。

（2）响应性。响应性指用户提交需求到接收卫星下传数据所用时间,可以根据不同的应用场景,定义不同的响应时间。

定义 2.1:轨道响应时间

轨道响应时间指卫星到达目标轨道后距离第一次覆盖目标所需的时间。

该时间主要与轨道参数、发射场和待观测目标的几何位置等有关。可以定义最小轨道响应时间、最大轨道响应时间和平均轨道响应时间。

定义 2.2:重访时间

重访时间指当前覆盖目标到下次覆盖该目标所需要的时间,也即覆盖间隙。该指标与覆盖间歇次数和长度有关,可以定义最小重访时间、最大重访时间和平均重访时间。

（3）具体任务的指标。这类指标与 ORS 的具体应用有关。如对于在轨重构,重构过程的能量消耗和重构时间是设计时的关键指标;对于多星组网,组网成本、系统鲁棒性在设计时必须加以考虑。在存在复杂用户观测偏好时,如任务优先级、观测持续时间、任务完成率等,需要利用任务规划进行效能评估。这类指标的具体计算方法在各自章节有详细描述。

2）ORS 卫星最佳部署策略

ORS 的部署设计决定了 ORS 体系效能能否超越传统空间系统。部署设计包括优化配置和优化部署两个方面,两者综合起来是一个含离散变量（或分类变量）的多目标优化问题,设计变量包括卫星颗数、每颗卫星涉及的轨道类型、载荷类型和轨道根数,设计过程中需要考虑系统成本和效能等因素,最终需要提供多个无差异的设计方案。

对于不同响应模式,部署设计的主要内容及特点如下:①效能评估不仅包括覆盖性和响应性指标,还包括为满足复杂用户观测偏好而采用的基于任务规划的覆盖统计指标;②对在轨卫星进行重构时,重构结构和机动变量需要同时优化,因此需要优化算法能够有效解决维数可变的多目标优化问题;③多星组网部署设计时,需要考虑来自动态环境下变量扰动对系统效能的影响;④对于多目标的部署优化设计,如在轨重构和多星组网,需要利用决策分析方法辅助用户决策。

3）ORS 体系效能评估方法

ORS 效能评估对于 ORS 设计、研制、运行和维护具有重要意义,同时又是结构优化的基础。

虽然目前对系统效能定义尚未统一,但无论针对哪种响应模式,都可借鉴装备（体系）效能定义[34],将 ORS 体系效能定义为:在规定的条件下,在一定的时间内,完成既定任务的能力。不管采用何种定义,其内涵始终是在一定应用条件和一定时间内研究效能。这里的应用条件包括快速响应模式、应急需求、使用人员等。根据目前已有卫星系统的效能评估模型,在研究 ORS 体系的效能组成要素时,图 2.5 提出的效能指标体系是必不可少的基本能力,有的相辅相成,有的相互冲突,而且在不同的应用场景中,相互之间关系不一样。在具体应用中,可以根据需求增加面向具体任务的效能指标。

ORS 体系效能评估过程是根据任务需求选择相应指标,确定评估方法并建立评估模型,然后根据收集的数据对指标进行量化。由于组成 ORS 的多颗卫星功能相互独立、自主运行,通过协同观测来实现效能的最大化。效能评估的难点是难以通过解析关系来刻画各卫星的效能指标。因此本书采用仿真的方法，借鉴星下点数据，逐步量化卫星当前时刻点的效能，然后统计分析得到卫星整个生命周期内的效能指标。

2.2 快速响应空间部署设计的基本问题模型

卫星在运行过程中，受到多种摄动的影响（如大气阻力、非球形引力等），尤其是低轨卫星，摄动的积累使得轨道逐步与初始轨道产生偏差。对处于低轨且生命周期较短的快速响应卫星，J_2 项是主要的摄动来源。因此，在下面问题分析中，仅考虑 J_2 项的影响，其余 $J_n(n=3,4,\cdots)$ 带来的影响忽略不计。

2.2.1 卫星轨道根数

通常采用 6 个参数来确定卫星在轨道中的位置[35]：轨道半长轴 a、偏心率 e、轨道倾角 i、升交点赤经 Ω、近地点幅角 ω 和真近点角 v。这 6 个参数也称为轨道根数，其空间关系如图 2.6 所示，具体定义如下。

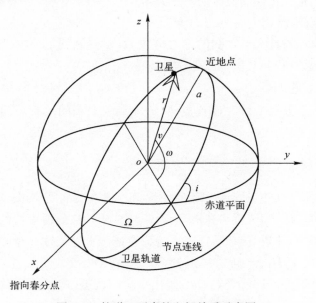

图 2.6 轨道 6 要素的空间关系示意图

1. 轨道半长轴 a

a 是轨道的半长轴,描述的是轨道的大小,其与轨道周期的关系式为

$$4\pi^2 a^3 = \mu T^2 \tag{2.1}$$

2. 偏心率 e

e 描述的是椭圆轨道的形状,$e=0$ 时表示圆轨道。结合轨道半长轴 a 和偏心率 e,近地点 R_p 和远地点 R_a 可以分别表示为

$$R_p = a(1-e) - R_E$$
$$R_a = a(1+e) - R_E \tag{2.2}$$

式中:R_E 为地球半径。

3. 轨道倾角 i

轨道面和赤道面的夹角称为轨道倾角 i,i 决定了卫星能达到的最大纬度,其取值范围为 $0° \sim 90°$。

4. 升交点赤经 Ω

Ω 指春分点和升交点对地心形成的张角,其取值范围为 $0° \sim 360°$。Ω 和 i 一起决定了轨道在空间的位置。

5. 近地点辐角 ω

ω 是近地点与升交点之间的地心夹角,对于椭圆轨道,ω 决定了轨道在卫星轨道面上的方位,其取值范围为 $0° \sim 360°$。

6. 真近点角 ν

ν 描述的是卫星的瞬时位置,是从近地点到卫星的地心角,其取值范围为 $0° \sim 360°$。

2.2.2 各种轨道类型适用性分析建模

对传统卫星,在轨道属性上有多种选择。依轨道高度,可选低轨(约 400～1000km)、中轨(几千千米)和高轨(上万千米);依轨道的覆盖特性,可选地球同步轨道、太阳同步轨道、极地轨道等。传统轨道注重稳定性和全球覆盖性,对于对地观测卫星,太阳同步轨道应用较多[36]。在 ORS 中,更加注重轨道的覆盖性、响应性和到达性,因此针对 ORS 提出了响应轨道(Responsive Orbits)。响应轨道一般属于低轨(Low Earth Orbit,LEO),低轨卫星虽然幅宽小,但应急能力强、分辨率高、发射成本低,有利于战术侦察。在部署快速响应小卫星时,常用

的轨道类型包括太阳同步 LEO、快速到达 LEO 和回归 LEO，这三类轨道星下线如图 2.7 所示。

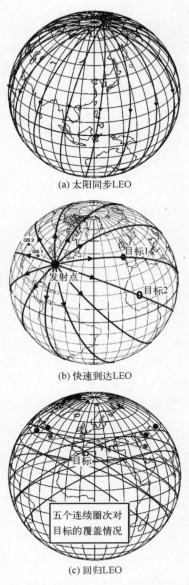

(a) 太阳同步 LEO

(b) 快速到达 LEO

(c) 回归 LEO

图 2.7　适用于 ORS 的轨道类型

1. 太阳同步 LEO(LEO Sun Synchronization)

太阳同步 LEO 指轨道的公转周期及方向与地球公转周期和方向一致,可保证卫星每次经过同一目标时具有相同的地方时和太阳高度角[37]。

太阳同步 LEO 常位于 300～900km 的圆轨道上,该轨道可使每次成像时的成像条件一样,同时也可保证太阳高度角满足成像质量要求。太阳同步 LEO 常用在进行全球覆盖的卫星轨道设计中,一般用于光学观测和雷达探测。对于快速响应任务,该类型轨道没有特别突出的优势。为了保持卫星与太阳同步的特性,如果已知轨道长半轴和偏心率,则可根据式(2.3)确定太阳同步 LEO 的倾角。

$$i = \arccos\left[-\frac{2}{3}\left(\frac{a(1-e^2)}{R_E}\right)^2 \frac{\dot{\lambda}}{J_2\sqrt{\mu/a^3}} \right] \qquad (2.3)$$

2. 快速到达 LEO(LEO Fast Access)

Microcosm 公司提出的快速到达 LEO[38] 指对于任何目标和任何发射位置,总存在一个以最短时间覆盖该目标的卫星轨道。在应急情况下,可以通过快速机动将卫星送入快速到达 LEO 执行侦察任务,卫星第一圈就可以成像并传回数据,且对固定目标能够保持每天 1～2 次的覆盖。快速到达 LEO 常用于光学成像或雷达观测。

3. 回归 LEO(LEO Repeat Orbit)

回归 LEO 指卫星运行 N 天后,重复原来的星下线,适合光学、红外成像以及雷达观测。如果设计回归 LEO 来观测多个目标,则轨道倾角不能低于所有目标中的最高纬度[39]。如果此时考虑式(2.3)的约束,则是太阳同步回归 LEO。回归 LEO 涉及回归周期 R 和回归周期内卫星绕地球运行的圈次 D 两个重要参数。如果已知 D,R,i,e,则根据算法 2.1(图 2.8)可以计算出轨道半长轴。

算法 2.1:计算回归轨道半长轴

输入:$D, e, i, R, \omega_E, R_E$

初始化:根据开普勒第三定律,$a_0 = \left(\mu\left[\left(\frac{1}{n}\right)^2\right]\right)^{\frac{1}{3}}$, and $n = \left(\frac{R}{D}\right)$

循环:

$\quad k = 0$;

迭代更新

$$a_{k+1} = \mu^{\frac{1}{3}} \left[n\omega_E \right]^{-\frac{2}{3}}$$

$$\left[1 - \frac{3}{2} J_2 \left(\frac{R_E}{a_k} \right)^2 \left(1 - \frac{3}{2} \sin^2 i \right) \right]^{\frac{2}{3}}$$

$$\left[1 + J_2 \left(\frac{R_E}{a_k} \right)^2 \left\{ \frac{3}{2} (n\cos i) - \frac{3}{4} (5\cos^2 i - 1) \right\} \right]^{\frac{2}{3}}$$

If : $| a_{k+1} - a_k | >$ tolerance

      $k = k + 1$;

Else

      输出:半长轴 a_{k+1}

EndIf

结束循环

图 2.8 回归轨道计算算法

如果已知轨道高度范围(400~1000km)和回归周期(1~10 天),则可以计算出在这个范围内满足回归条件的所有轨道,如图 2.9 所示。图 2.9 中方案上方的数字表示卫星在回归周期内的运行圈次。虽然图中方案有限,但实际上任意轨道高度在合适的(D,R)组合下都能满足回归条件。因此,可以在倾斜轨道的基础上,调整(D,R)组合,使其满足回归特性。

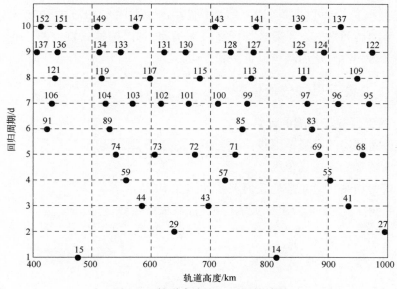

图 2.9 轨道高度和(D,R)的关系

综上所述,将三种轨道的特点和对任务的要求总结如表2.2所列[7]。

表2.2 三种轨道的特征及任务适用性

轨 道	太阳同步 LEO	快速到达 LEO	回归 LEO
特征	太阳同步	90min 内覆盖	回归周期和周期内的圈次确定了轨道高度
倾角	与轨道半长轴和偏心率有关,约96°	顺行:0°~90°;逆行:90°~180°	比目标最大纬度高3°~5°
覆盖时间/min	5	5	3~5
过顶次数/天	2 次	1~2 次	4~5 次
最佳覆盖纬度	全球	全球	全球
常用轨道高度/km	300~900	525/7800	300~900
覆盖时间变化(/d)	与当地地方时保持一致	提前 15~30min	提前 20~30min
最佳应用场合	侦察监视	快速监视	重复监视
轨道响应时间(最大/平均)	$\dfrac{12}{6}$	$\dfrac{1.5}{0.75}$	$\dfrac{18}{9}$
覆盖特性	全球覆盖	快速到达	重复观测

通过上述分析可见,采用回归 LEO 能够比太阳同步 LEO 和快速到达 LEO 具有更多的访问次数。不管选择什么轨道类型,可以根据该轨道的一些特殊性质,确定依赖变量,从而减少设计变量个数。

2.2.3 卫星可见性分析模型

1. 遥感器视场范围的计算

假设遥感器的视场范围投射在地面上为矩形,则可以通过计算矩形四个顶点的经纬度来确定视场范围。

视场的相关轨道参数的几何关系如图 2.10 所示。

地心角 λ_0 决定了卫星最大的可见范围,根据余弦定理,有

$$\cos\lambda_0 = \frac{R_E}{r_{\text{sat}}} \tag{2.4}$$

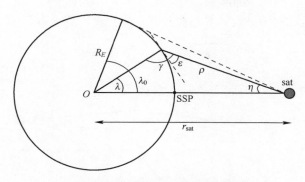

图 2.10　载荷视场范围可视化分析

式中：R_E 为地球半径；r_{sat} 为卫星到地心的距离；λ_0 的大小仅由卫星的高度决定，但实际应用中，为了满足成像时的光照条件或受卫星视场角的限制，卫星实际覆盖范围的地心角要小于 λ_0。如果根据卫星遥感器特性给出的有效视场角 η，实际地心角 λ 可通过式(2.5)~式(2.7)来计算[37]：

$$\sin\lambda = \frac{\rho\sin\eta}{R_E} \tag{2.5}$$

$$\rho = R_E\cos\gamma + r_{sat}\cos\eta \tag{2.6}$$

$$\sin\gamma = \frac{r_{sat}\sin\eta}{R_E} \tag{2.7}$$

根据式(2.5)~式(2.7)，λ 和星下点的位置可以推导出在相应 η 下的视场范围，如果星下点坐标为(Lat_{SSP}，Lon_{SSP})，则矩形的最小和最大纬度为

$$\varphi_{min} = \text{Lat}_{SSP} - \lambda，\varphi_{max} = \text{Lon}_{SSP} + \lambda \tag{2.8}$$

同理，可得矩形的最小和最大经度为

$$\alpha_{min} = \text{Lat}_{SSP} - \lambda，\alpha_{max} = \text{Lon}_{SSP} + \lambda \tag{2.9}$$

　　对于具有侧摆能力的遥感器，假设侧摆角为 η_{slew}，视场范围与轨道参数的几何关系如图 2.11 所示。

从图 2.11 中可知，$\eta_{min} = \eta_{slew} - \frac{1}{2}\eta$，$\eta_{max} = \eta_{slew} + \frac{1}{2}\eta$，最小和最大的地心角($\lambda_{min}$ 和 λ_{max})可由式(2.5)~式(2.7)计算。实际上，由于遥感器有多个侧摆方向，本书将具有侧摆能力的遥感器视场角视为 η_{max}，潜在的视场范围为 λ_{max}。

2. 星下线的计算

　　在卫星运行过程中，卫星和地心连线与地球表面构成的一系列交点的连线称为星下线。在已知卫星 6 个轨道根数的情况下，以一定步长(Δt)可以推算出

每个时刻星下点的经纬度,计算过程包括以下三个步骤。

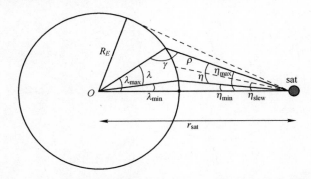

图 2.11　具有侧摆能力载荷视场范围与轨道参数的几何关系

步骤 1: 计算初始时刻到近地点所需时间 (t_0)

根据开普勒第三定律,轨道的周期可计算为

$$P = \frac{2\pi}{\sqrt{\mu}} a^{\frac{3}{2}} \tag{2.10}$$

从初始时刻到第一次经过近地点的时间 (t_0) 可计算为[40]

$$t_0 = \frac{M}{2\pi} P \tag{2.11}$$

M 为初始平近点角,从式(2.11)可以看出,M 与时间呈线性关系,同时对二体问题的微分方程积分得到

$$M = E - e\sin E \tag{2.12}$$

E 为偏近点角,与真近点角的关系为

$$\tan \frac{E}{2} = \sqrt{\frac{1-e}{1+e}} \tan \frac{\nu}{2} \tag{2.13}$$

因此,根据初始 ν,则可计算时间 t_0。

步骤 2: 计算卫星绕地球运行时投影在地面的经纬度

在时刻 $t = t_0 + \Delta t$,按序从等式(2.11)到(2.13)更新 M,E 和 ν。Ω 和 ω 更新为

$$\Omega = \Omega + \dot{\Omega}\Delta t \tag{2.14}$$

$$\omega = \omega + \dot{\omega}\Delta t \tag{2.15}$$

其中 $\dot{\Omega}$ 和 $\dot{\omega}$ 分别为升交点赤经和近地点幅角在 J_2 扰动下的变化率,J_2 项摄动使得升交点赤经发生漂移,有[40]

$$\dot{\Omega} = -\left[\frac{3}{2}\frac{\sqrt{\mu}J_2R_E^2}{(1-e^2)^2a^{\frac{7}{2}}}\right]\cos i \tag{2.16}$$

同理，J_2 项摄动带来的近地点幅角扰动为

$$\dot{\omega} = \dot{\Omega}\frac{5/2\sin^2 i - 2}{\cos i} \tag{2.17}$$

式中：μ 为地心引力常数；$J_2 = 1.083 \times 10^{-3}$。卫星在轨道坐标系（Orbit-fixed Coordinate）中的状态向量可定义为

$$\boldsymbol{r}^O = \frac{h^2}{\mu}\frac{1}{1+e\cos\nu}\begin{Bmatrix}\cos\nu\\\sin\nu\\0\end{Bmatrix} \tag{2.18}$$

轨道半长轴 a 和角动量 h 的关系为

$$a = \frac{h^2}{\mu}\frac{1}{1-e^2} \tag{2.19}$$

轨道坐标系的向量 $\boldsymbol{r}^O$ 通过矩阵 $\boldsymbol{R}^{\frac{I}{O}}$（$C \equiv \cos$ and $S \equiv \sin$）转换到惯性坐标系（Inertial coordinate）为[41]

$$\boldsymbol{r}^I = \boldsymbol{R}^{\frac{I}{O}}\boldsymbol{r}^O \tag{2.20}$$

$$\boldsymbol{R}^{\frac{I}{O}} = \begin{bmatrix} C_\omega C_\Omega - C_i S_\omega S_\Omega & -S_\omega C_\Omega - C_i S_\Omega C_\omega & S_i S_\Omega \\ C_\omega S_\Omega + C_i S_\omega C_\Omega & -S_\omega S_\Omega + C_i C_\Omega C_\omega & -S_i C_\Omega \\ S_\omega S_i & C_\omega S_i & C_i \end{bmatrix} \tag{2.21}$$

式中：$\boldsymbol{R}^{\frac{I}{O}}$ 为轨道坐标系到惯性坐标系的旋转矩阵；$\omega_E = 7.292115 \times 10^{-5}$（rad/s）为地球平均自转角速度；$\boldsymbol{r}^I$ 在地心坐标系（Rotating Earth-fixed Frame）可以表示为

$$\boldsymbol{r}^{I'} = \begin{bmatrix} \cos\theta & \sin\theta & 0 \\ -\sin\theta & \cos\theta & 0 \\ 0 & 0 & 1 \end{bmatrix}\boldsymbol{r}^I \tag{2.22}$$

在时刻 t，旋转角度 $\theta = \theta_0 + \omega_E(t-t_0)$，其中 θ_0 为轨道的初始格林尼治时间，位置向量 $\boldsymbol{r}^{I'}$ 可以表示为 $\boldsymbol{r}^{I'} = X\boldsymbol{i}+Y\boldsymbol{j}+Z\boldsymbol{k}$，如果定义 $r = \sqrt{X^2+Y^2+Z^2}$，则星下点的纬度 φ 和经度 α 可以表示为

$$\varphi = \arcsin\left(\frac{Z}{r}\right) \tag{2.23}$$

$$\alpha = \begin{cases} \arccos\left(\dfrac{X}{r\cos\varphi}\right) & \left(\dfrac{Y}{r}>0\right) \\[3mm] 360°-\arccos\left(\dfrac{X}{r\cos\varphi}\right) & \left(\dfrac{Y}{r}\leqslant 0\right) \end{cases} \tag{2.24}$$

步骤3:更新星下点位置

在下一个时刻 $t=t_0+2\Delta t$,星下点的位置可通过重复应用上述公式获得,步长越小,计算所得的星下点数据越多,星下线越精确。

为了验证上述算法计算星下线的有效性,利用STK(Satellite Tool Kit)对星下线精度进行评估。STK是应用于航天轨道设计和仿真分析领域优秀的、商品化的分析软件,其高精度轨道预报模块(High Precision Orbit Propagator, HPOP)能准确预报卫星轨道,假定轨道根数($a=6870km,e=0,i=45°,\Omega=0°,\omega=0°,\nu=0°$)在一天(2015/07/01 12:00:00~2015/07/02 12:00:00)时间内,分别利用上述算法和HPOP模块以步长 $\Delta t=60s$ 计算一个回归周期内的星下线,结果如图2.12所示。

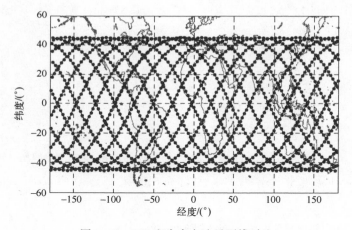

图2.12　STK和本书方法星下线对比

图2.12中HPOP模块计算出的经纬度(以离散的圆点表示)与本书方法求得的星下线较好吻合,虽然书中近似算法得到的星下线有一定误差,但其计算速度快,对于概念设计阶段的部署优化具有实际应用价值。

2.2.4　基于可见性分析的效能评估模型

以 Δt 为步长,在场景周期内结合星下点数据,如果目标 i 进入视场范围内,

将该时刻标记为第 j 个时间窗的开始时间 $w_s^{i,j}$，当目标 i 刚好不在视场范围时，标记为时间窗的结束时间 $w_e^{i,j}$。同理，可以计算出目标的间歇窗口 $[g_e^{i,j}, g_s^{i,j}]$。

根据时间窗 $[w_e^{i,j}, w_s^{i,j}]$，可以十分容易对覆盖率和覆盖次数进行统计，对于累计覆盖时间，可以计算为

$$\text{TCT} = \sum_{i=1}^{K} \sum_{j=1}^{p^i} (w_e^{i,j} - w_s^{i,j}) \tag{2.25}$$

式中：K 为卫星颗数；p^i 为卫星 i 的时间窗口个数。

重访时间指当前覆盖目标到下次覆盖该目标所需要的时间，也即覆盖间隙。根据间歇窗口 $[g_e^{i,j}, g_s^{i,j}]$，平均重访时间为

$$\text{ART} = \frac{\sum_{i=1}^{K} \sum_{j=1}^{m^i} (g_e^{i,j} - g_s^{i,j})}{\sum_{i=1}^{K} m^i} \tag{2.26}$$

式中：m^i 为卫星 i 覆盖间歇窗口的个数。

轨道响应时间指卫星到达目标轨道后距离第一次覆盖目标所需的时间，下面主要分析平均轨道响应时间（Mean Orbit Response Time，MORT）的计算过程。

MORT 指从接受一个随机请求到观测到这个应急目标的平均时间间隔。其计算过程如图 2.13 所示。

初始化 $\Delta t, T, n = \dfrac{T}{\Delta t}$

For $i = 1:n$

    If 卫星覆盖目标

        $\text{MORT}_i = 0$

    Else

        $\text{MORT}_i = \text{MORT}_{i-1} + \Delta t$

    EndIf

EndFor

$\text{MORT} = \displaystyle\sum_{i=1}^{n} \frac{\text{MORT}_i}{n}$

图 2.13　平均轨道响应时间计算过程

如果提出需求时目标刚好被观测到，则此时刻 MORT 为 0，否则 MORT 为从覆盖间隙的开始时间到覆盖间隙的结束时间。原则上，MORT 是以给定的时间步长 Δt 开始计算。

下面以一个算例分别计算累计覆盖时间、最大重访、平均重访和平均轨道响应时间,然后分析各指标对部署方案优劣的识别能力。

图 2.14 可视化给出了三个部署方案(A,B,C)的覆盖和间隙特征。方案 A 与 C 具有相同的覆盖百分比,但是 C 的覆盖比 A 更均匀,方案 B 比 C 仅仅多了一个覆盖间隙,使得 C 优于 B,综上所述,可以得知方案 C 最优。

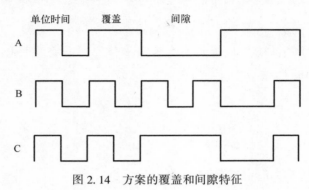

图 2.14 方案的覆盖和间隙特征

表 2.3 给出了不同评价指标对三个方案的评价结果。

表 2.3 ORS 指标体系对比分析

方案	累计覆盖时间	最大重访	平均重访	平均轨道响应时间	方案排序
A	6	3	2	0.7	差
B	5	2	1.25	0.6	良
C	6	2	1.33	0.5	优

显然,最大重访完全不能区分方案的优劣;累计覆盖时间注重对覆盖的分析,但没有考虑间隙的分布情况,因此无法区分方案 A 和 C 的优劣;平均重访的统计结果与覆盖间隙的个数密切相关,对于短周期的评估容易产生误导性,对于较长周期而言,这种误导性可以忽略不计;MORT 考虑了覆盖和间隙两者特性,体现了计算时的动态特征,能够准确区分方案的优劣。

2.3 求解部署设计的优化算法

由 2.2 节分析可知,快速响应卫星部署优化是一类含混合变量的非线性规

划问题,其解空间为

$$S = \prod_{i=1}^{M} K_m \times (U_{K_m} - L_{K_m}) \geqslant 2^M \qquad (2.27)$$

当模型仅考虑决策变量 K_m 时,解空间规模随变量个数 M 的增加呈指数规模增大,其计算复杂度至少为 NP-hard,在实际求解时,希望能在可接受时间内找到满意解。

针对三种不同响应模式的问题特点和需求,本书具体求解算法有所不同,但其基本原理都基于差分进化算法。差分进化算法可调参数少,采用实数编码,能有效处理连续和离散变量共存的优化问题,而且结构简单,易于在不同响应模式下面向问题特点进行扩展。差分进化算法及其变种在国际进化计算大会上取得了较好的成绩,与遗传算法、粒子群等进化算法相比,差分进化算法在收敛速度和鲁棒性方面都具有优势[42, 43]。

2.3.1　差分进化算法基本概念

差分进化(Differential Evolution, DE)算法是一类基于群体的随机优化算法,由 Storn 和 Price 在 1997 年提出[44]。虽然 DE 最初设计是为求解连续实数变量问题,但很容易扩展到处理混合整数问题[45]。DE 的基本步骤与其他进化算法类似,主要包括初始化、变异、交叉和选择四个步骤。下面结合本书研究的问题,简要介绍差分进化算法基本求解流程。

1. 初始化操作

在对个体进行初始化之前,需进行编码。根据优化问题设计变量的取值类型,本书采用实数编码。通常情况下,根据每个变量的取值范围,NP 个初始个体通过式(2.28)随机生成:

$$X_{i,j}(0) = X_i^L + \text{rand}_j(0,1)(X_i^U - X_i^L) \quad (i=1,\cdots,NP, j=1,\cdots,D) \qquad (2.28)$$

式中:$\text{rand}_j(0,1)$ 为 0~1 的随机数;上标 U 和 L 分别为变量的上界和下界。

2. 变异算子

在 DE 中,最简单的计算变异向量 $\boldsymbol{V}_i(g)$ 的方法是在上一代(g)个体中随机选择三个个体($\boldsymbol{X}_{i1}(g)$,$\boldsymbol{X}_{i2}(g)$ 和 $\boldsymbol{X}_{i0}(g)$)进行变异操作:将这三个向量中的任意两个经过变异缩放因子 F 形成的差分向量加到第三个向量(基向量)上。在具体应用中,可以根据选择基向量或计算差分向量的不同方式,将变异方式分为以下几种:

DE/rand/1：

$$V_i(g) = X_{i0}(g) + F \times (X_{i1}(g) - X_{i2}(g))$$

DE/best/1：

$$V_i(g) = X_{i0}^{\text{best}}(g) + F \times (X_{i1}(g) - X_{i2}(g))$$

DE/rand-to-best/2：

$$V_i(g) = X_i(g) + F \times (X_{\text{best}}(g) - X_i(g)) + F \times (X_{i1}(g) - X_{i2}(g))$$

DE/best/2：

$$V_i(g) = X_{i0}^{\text{best}}(g) + F \times (X_{i1}(g) - X_{i2}(g)) + F \times (X_{i3}(g) - X_{i4}(g))$$

DE/rand/2：

$$V_i(g) = X_{i1}(g) + F \times (X_{i1}(g) - X_{i2}(g)) + F \times (X_{i3}(g) - X_{i4}(g))$$

(2.29)

式中：$i0, i1, i2, i3, i4$ 为 $[1, NP]$ 中的随机整数，且满足 $i0 \neq i1 \neq i2 \neq i3 \neq i4$。$X_{i0}^{\text{best}}(g)$ 表示第 g 代的最优个体。缩放因子 $F \in [0,1]$ 控制差分向量的大小。上述五种策略的优缺点如表 2.4 所列。

表 2.4　DE 变异策略的优缺点分析

变 异 策 略	优　点	缺　点
DE/rand/1 DE/rand/2	全局搜索能力强	收敛速度慢
DE/best/1 DE/best/2	收敛速度快	容易局部最优
DE/rand-to-best/2	能权衡收敛速度和全局搜索能力	算法鲁棒性较差

3. 交叉算子

交叉算子是按概率 CR 从变异向量（$V_i(g)$）或目标向量（$X_i(g)$）中选择构成试验向量的第 $j(j=1,\cdots,D)$ 位。通过变异向量和目标向量的按位互换，保证了新产生个体的多样性。这种交叉策略可表达为

$$U_{i,j}(g) = \begin{cases} V_{i,j}(g) & \text{若}(\text{rand}_j \leq CR_i(g) \text{或} j = k_{\text{rand}}) \\ X_{i,j}(g) & \text{其他} \end{cases}$$

(2.30)

$\text{rand}_j \in (0,1)$ 为每个维度生成的随机数，预先定义的交叉概率 $CR \in (0,1)$，CR 控制了试验向量来自 $V_i(g)$ 还是 $X_i(g)$。随机数 $k_{\text{rand}}(0 \leq k_{\text{rand}} \leq 3)$ 用来保证试验向量至少有一个维度与 $X_i(g)$ 不同，从而避免完全复制 $X_i(g)$。

4. 选择算子

选择算子通过一对一的贪婪选择策略从试验向量和目标向量中选择进入下一代进化计算的个体,淘汰差的个体来保证下一代种群规模固定不变。以最大化问题为例,选择策略如式(2.31):

$$X_i(g+1) = \begin{cases} U_i(g) & \text{若}(f(u_{i,g}) \geqslant f(x_{i,g})) \\ X_i(g) & \text{其他} \end{cases} \tag{2.31}$$

式(2.31)表明,如果试验向量的适应度大于或等于目标个体的适应度,则在下一代进化中用试验向量替代目标个体,否则目标个体进入下一代。

可以看出,DE 算法实现过程简单,其核心步骤就是变异和交叉算子。算法中涉及种群规模 NP、缩放因子 F 和交叉概率 CR 三个参数。文献[46]分析了这三个参数对算法性能的影响。除了种群规模一般与问题的解空间和搜索成本有关,其余两个参数的设置对算法性能影响很大,它们影响着算法的全局搜索能力、种群多样性和收敛速度,而这两个参数又难以根据经验来确定。因此,对不同问题,算法参数的设置和适应策略成为当前 DE 算法的重要研究领域。

文献[44]认为 $F=0.5$,$CR=0.1$ 或 0.8 是较好的初始参数组合,文献[47]认为 $F=0.6$,CR 为 $0.3 \sim 0.9$ 比较合适。经过对不同问题的验证,当前基本上对参数的初始设置值为 $F=0.5$,$CR=0.9$[48]。基于经验的参数设置严重影响了 DE 对无任何先验知识的问题的实用性[49],为此产生了随机化的参数生成策略,利用各种概率模型在优化的不同阶段生成不同算法参数,如文献[50]将参数设置为一定区域的均匀随机数,文献[51,52]利用高斯随机数来进行参数调整。除此之外,学者还通过统计学习以往个体的参数值来设置当前参数,典型的如 Zhang[53]提出的 JADE 和 Zamuda 提出的 SA-DE[54]。

本书借鉴 JADE 中的思想,通过记录生存下来的个体的算法参数,以此为基础,结合概率模型来更新当前迭代过程中的参数。

2.3.2　多目标差分进化算法

1. 多目标优化问题的基本概念

多目标优化问题(Multi-objective Optimizaiton Problem,MOP)一般定义为

$$\text{Minimize} \quad F(x) = [f_1(x), f_2(x), \cdots, f_n(x)]$$

$$\text{s. t.} \begin{cases} g_i(x) \leqslant 0, i=1,2,\cdots,p \\ h_i(x) = 0, i=1,2,\cdots,k \\ x \in D \subset R^n \end{cases} \tag{2.32}$$

式中:n 为目标函数的个数;$x \in R^n$ 为设计变量;$f_i: R^n \to R, i = 1, 2, \cdots, n$;$g_i(x)$ 和 $h_i(x)$ 为不等式和等式约束;定义域

$$D = \{x \mid x \in R^n, g_i(x) \leqslant 0, h_j(x) = 0, i = 1, 2, \cdots, p, j = 1, 2, \cdots, k\} \quad (2.33)$$

MOP 的一个特点是 f_i 相互冲突,其最优解不是唯一的,而是通过一个无差异的集合来表示。

定义 2.3:占优(Dominance)

对于最小化问题,可行解 x_1 优于 x_2(记为 $x_1 \prec x_2$),指

$$\forall i \in \{1, 2, \cdots, n\} f_i(x_1) \leqslant f_i(x_2) \wedge \exists i \in \{1, 2, \cdots, n\} f_i(x_1) < f_i(x_2) \quad (2.34)$$

当存在

$$\forall i \in \{1, 2, \cdots, n\} f_i(x_1) < f_i(x_2) \quad (2.35)$$

认为 x_1 较 x_2 强占优(记为 $x_1 \prec\prec x_2$)。

当存在

$$\forall i \in \{1, 2, \cdots, n\} f_i(x_1) \leqslant f_i(x_2) \quad (2.36)$$

认为 x_1 较 x_2 弱占优(记为 $x_1 \preceq x_2$)。

定义 2.4:Pareto 最优解(Pareto Optimal Solution)

可行解 $x \in S$(S 是所有可行解的集合)是 Pareto 最优解,指

$$A \in S, 且 \not\exists a \in A : a \prec x \quad (2.37)$$

Pareto 最优解也称为非劣解。所有 Pareto 最优解构成的集合称为 Pareto 最优解集

$$P = \{x \in S \mid \not\exists x' \in S : x' \prec x\} \quad (2.38)$$

定义 2.5:Pareto 前沿(Pareto front)

Pareto 最优解集在函数空间以 Pareto 前沿形式存在,对于二维空间,Pareto 前沿是一条曲线;对于三维空间,Pareto 前沿是一个曲面;对于高维空间,Pareto 前沿是 Hyper-surface。

2. 差分进化算法求解多目标问题

DE 在求解单目标问题时较其他进化算法表现出的高效和鲁棒性,使得很多学者设计基于 DE 的多目标算法。在设计多目标差分进化(Multi-objective Differential Evolution, MODE)算法时,必须满足收敛性和分布性,因此需要解决的主要问题是如何定义选择策略以及如何提高种群的多样性。本书在设计面向问题特点的多目标差分进化算法时,选择策略的基本思想来自快速非支配排序和外部档案的策略。

1）快速非支配排序（Fast Non-dominated Sorting）

快速非支配排序是 NSGA-Ⅱ算法中采用的选择策略，可以借鉴到多目标差分进化算法中。具体步骤为：首先合并父代和子代的个体，得到 $P = X \cup U$，并对其进行非支配关系排序，将前沿顺序 $F_1, F_2, \cdots, F_t$ 存储在前沿矩阵不同层中。处于支配关系同一层的个体通过拥挤距离来区分优劣，拥挤距离定义为该个体和相邻两个个体的函数值差，其计算公式为

$$\mathrm{crowd}(i) = \sum_{k=1}^{n} \frac{(P_{i+1} \cdot f_k - P_{i-1} \cdot f_k)}{(f_k^{\max} - f_k^{\min})} \tag{2.39}$$

式中：$P_{i+1} \cdot f_k$ 和 $P_{i-1} \cdot f_k$ 分别为个体 i 的相邻两个个体的函数值；$f_k^{\max}$ 和 $f_k^{\min}$ 分别为集合 P 中最大和最小函数值。

2）外部档案

求解 MOP 问题时，面临的一个矛盾问题是如何在找到真正的 Pareto 前沿的同时还保持解的多样性，为解决这个问题，常通过外部档案[55]来提高算法性能。外部档案的实质是一种精英保护策略，主要过程为：在当前代中，如果新的最优解能够支配外部档案中的个体，则将新最优解加入外部档案并删除被支配的解，如果最优解与外部档案中的个体不存在支配关系，则将最优解直接加入外部档案中。

外部档案管理策略的核心：一是如何选择当前最优解加入档案中，这里的最优解可以是非支配解，也可以是为了保持种群多样性而新增的特征解；二是当外部档案达到一定规模时，需要进行裁剪，删除相对较劣的解，常用的方法包括基于拥挤度的删除机制，即删除拥挤度最小的那些解。

2.3.3　算法流程

不管是单目标，还是多目标问题，其通用的算法流程如图 2.15 所示，在应用差分进化算法在求解具体问题时，需要根据问题特点，对流程中的各种策略进行重新设计。

算法 2.2

步骤 1：初始化算法参数，包括种群规模 NP、缩放因子 F、交叉概率 CR、最大迭代次数 Max-Gex、最大函数估计次数 E_f 以及目标函数的个数 N_{obj}（如果 $N_{\mathrm{obj}} > 1$，初始化外部档案规模 NP_{Arch}）。

步骤 2：设置当前迭代次数 CurGen = 1，初始化种群，在设计空间内随机生成 NP 个个体。

$$X_{i,j}(0) = X_i^L + \mathrm{rand}_j(0,1)(X_i^U - X_i^L) \quad i = 1, \cdots, NP, j = 1, \cdots, D$$

步骤3:计算种群中每个个体$X_{i,j}$的适应度。

步骤4:WHILE 不满足终止条件时,DO

FOR $i=1:NP$

步骤4.1:执行变异操作

生成 NP 个变异向量 $V_i(g)$(以 DE/rand/1 为例)。

$$V_i(g) = X_{i0}(g) + F \cdot (X_{i1}(g) - X_{i2}(g))$$

步骤4.2:执行交叉操作

通过变异向量($V_i(g)$)和目标向量($X_i(g)$)的按位互换,生成新的试验向量($U_i(g)$)。$U_{i,j}(g) = \begin{cases} V_{i,j}(g) & \text{若}(\mathrm{rand}_j \leqslant CR_i(g) \text{ 或 } j = k_{\mathrm{rand}}) \\ X_{i,j}(g) & \text{其他} \end{cases}$

步骤4.3:执行选择操作

IF($N_{\mathrm{obj}} > 1$)

生成合并种群 $C_i = X_i \cup U_i$,对其进行快速非支配排序,从前沿矩阵中选择 NP 个个体进行下一代迭代中,并选择 C_i 中的非支配个体更新外部档案。

ELSE

采用一对一的贪婪选择

$$X_i(g+1) = \begin{cases} U_i(g) & \text{若}(f(u_{i,g}) \geqslant f(x_{i,g})) \\ X_i(g) & \text{其他} \end{cases}$$

END

END FOR

步骤4.4:CurGen = CurGen + 1

END WHILE

图 2.15　差分进化算法求解流程

2.4　问题求解过程

ORS 卫星部署设计的求解过程主要包括五个步骤,如图 2.16 所示。

1. 数据获取

获取数据是求解第一步。两种类型的数据需要获取:①应急需求数据,包括目标函数和约束条件;②资源数据,包括卫星的设计变量和范围、轨道类型等。

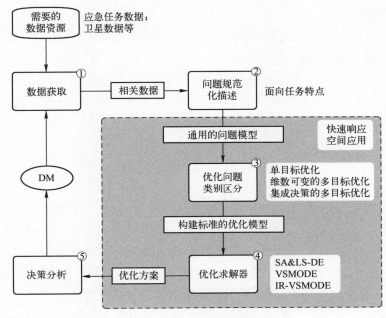

图 2.16　问题求解过程

2. 问题规范化描述

在这一步中,将数据中的设计变量类型、变量边界、约束条件和目标函数抽取出来,描述为一个通用的优化问题。由于部分数据可能无法直接用于规范化描述,需要面向问题特点进行预处理。

3. 优化问题类别区分

问题类别主要根据规范化描述后的目标函数和约束条件来确定,比如根据目标函数的个数可分为单目标优化和多目标优化,在多目标优化中,如果有鲁棒性的要求,则是多目标鲁棒优化;根据变量个数是否固定,可分为固定长度优化和维数可变的优化。

4. 优化算法选择

根据不同响应模式下优化问题的特点,选择合适的优化算法:快速发射模式卫星部署设计选择自适应差分进化算法;在轨重构模式选择重构结构和机动变量同时优化的多目标差分进化算法;多星组网模式选择集成决策偏好的多目标差分优化算法。将问题数据提供给优化算法之前,可能需要将数据按照一定要求进行格式化,以确定算法能正确处理。

5. 决策分析

对于多目标问题优化求解后,DM 获得多个非支配解,在实际应用中,DM 只需要根据偏好从 Pareto 前沿上选取少数方案,也即多目标决策分析。文中根据问题特点,采用了不同决策方法,对于在轨重构,采取可视化决策分析;对于多星组网,由于目标函数相对耗时,将决策偏好集成到优化算法中,直接获得满足用户偏好的部分 Pareto 前沿。

↘ 2.5 本 章 小 结

本章首先对 ORS 体系的组成和特点进行分析,讨论当前构建 ORS 常用的快速发射模式,重定义在轨重构模式,提出多星组网模式,构建快速响应模式和任务特点的映射关系,分析针对不同快速响应模式的运行流程,着重探讨 ORS 体系中与本书相关的关键技术。然后,构建 ORS 卫星部署设计中的基本问题模型,包括可见性分析模型、基于可见性分析的效能评估模型,对各种快速响应轨道的适用性进行分析比较,介绍差分进化算法的步骤和流程,并在此基础上提出问题的求解框架。

本书后续章节分别以三种快速响应模式为主题,以基本的差分进化算法为基础,设计面向问题特点的优化算法(或决策方法),并通过构建针对每种模式的典型应用算例对算法性能进行验证。

第 3 章
面向长效目标的快速发射模式卫星
部署优化设计

本章在第 2 章建立的各种基本模型的基础上,重点分析快速发射模式下的轨道部署问题。在对轨道方案的效能评估时,考虑了基于规则的任务规划方式来满足用户观测偏好。为求解部署优化问题,在差分进化的基础上,提出考虑局部搜索的自适应差分进化算法。该方法通过把算法参数和设计变量一起编码,在进化过程中选择得以保存下来的参数,从而达到自适应目的;局部搜索策略利用已有的历史信息构建代理模型,通过较小的时间成本实现对当前最优点邻域的局部搜索。自适应参数调整和局部搜索策略确保算法解的质量和收敛速度,最后通过两个典型的快速发射算例,验证该模式下算法框架的有效性。

3.1 快速发射问题分析

快速发射模式下的卫星优化部署包括发射系统、地面系统和空间系统等各组成部分的结构优化设计,文献[56]讨论了按需发射(Launch on Demand)战术卫星涉及的技术、操作和体系问题,而本章主要研究空间系统的部署优化问题。根据快速发射模式的定义,轨道参数很大程度上影响其任务完成能力,因此卫星部署设计实际就是轨道设计问题。Abdelkhalik[57]最早开展了面向已知观测目标的轨道设计,考虑了两种不同的目标函数,即最大分辨率和最大观测时间,提出了一种不需要通过轨道机动来保证在规定的时间内尽量观测所有目标的方法。本章在其研究基础上,提出了在复杂观测偏好情况下的轨道优化部署问题,将各种观测偏好通过任务规划集成到一个加权的目标函数,并设计相应算法进行求解。

3.1.1　问题特点

定义 3.1:长效目标

长效描述的是待观测目标的时间属性,长效目标指需要在相对较长的时间周期内(一个月以上)进行情报收集和分析的重点目标。

典型的长效目标如国家海岸线、全球分布的重点港口等,在特定情况下,对这些重点目标的观测根据应用需求需要持续数月。快速发射模式是在当前空间系统不能满足应急需求时,通过快速发射一颗小卫星对长效目标进行及时侦察或监视,从而满足对特定空域的观测需求。本书研究的快速发射模式轨道部署优化的特点主要包括以下方面。

(1)卫星对应急地点的成像,要求分辨率越高越好,分辨率实际上是对轨道高度提出了限制,因此卫星采用低轨轨道。

(2)太阳同步轨道具有全球覆盖能力,但响应时间相对较长。作为面向应急任务的轨道设计,要求具有较短的响应时间,因此选择倾斜轨道,轨道倾角由目标的分布特性决定。

(3)为了充分利用卫星资源,在对特定区域进行观测时要求卫星能以一定的重访周期对目标进行重复观测,因此轨道必须满足回归条件。

(4)为了降低卫星成像时对相机变焦的要求,快速响应卫星验证星 TacSat1,TacSat2 和 TacSat3 都采用圆轨或近圆轨道来进行单个整体式航天器快速响应轨道的设计。虽然椭圆轨道引入一个新的自由度,即偏心率,能够使卫星在椭圆轨道的近地点以较快的速度运行到远地点,而在远地点以相对较慢速度和相对较广的覆盖范围进行较长时间观测,但椭圆轨道的这种优势主要应用于通信服务中,而且性能的提高程度依赖于近地点和远地点的高度差,如 Molniya 远地点在 40000km 的高空为苏联各地区提供通信服务,TacSat4 采用了 450km/12000km 的大椭圆轨道,能持续对热点地区提供长时间通信服务,对于成像卫星,如此高度使得分辨率受到严重影响。在本书讨论的成像侦察中,卫星将部署在低轨圆轨道上。

除了上述特点外,在实际情况中,用户往往会对观测目标提出各种观测偏好,具体可分为三类。

1. 观测持续时间

定义 3.2:最短持续时间

最短持续时间(Minimum Observation Duration)指卫星对目标的一次观测活动至少需要持续的时间,目的是使卫星在成像时定位更加准确,同时提高成像质量。

当按照最短持续时间安排完观测活动后,可以根据时间窗口的剩余情况对持续时间进行扩充,希望成像持续时间尽可能长。由此可见,最短持续时间必须小于当前的时间窗口,否则无法对该目标成像。

2. 观测目标的优先级

观测目标的优先级决定了其在目标函数中的权重。当多个观测目标存在观测冲突时,用户要求优先级高的目标优先被安排。当根据最短持续时间安排完任务后,优先级高的目标优先将持续观测时间扩充到允许的最大值。

3. 目标完成率

定义 3.3:循环任务

卫星对目标的一次观测活动称为完成一个任务,当卫星再一次观测这个目标时,称为循环任务。

定义 3.4:目标完成率

目标完成率是用来衡量卫星对原始应急目标的观测情况,当所有目标都被观测到时,目标完成率要达到100%。

当应用快速响应卫星观测多个应急目标时,首先要求目标完成率100%,在此基础上,为了提高卫星使用效率,尽量保证卫星观测尽可能多的循环任务。

3.1.2　基本假设

快速发射模式下的轨道部署优化在实际工程中相对复杂,本节对该问题做合理假设和简化。

(1)所有的应急目标都用点目标进行表示,如果用户提供的是一个应急区域,则用区域中的关键点来代替该区域,本书所采用的粗略任务规划方法不考虑任务间的合并。

(2)快速发射模式每次只发射一颗卫星,且卫星上只携带一个载荷。在该模式下,不考虑卫星间的协同观测和载荷配置问题,因此该问题是一个单星的轨道部署问题。

（3）在部署优化时,重点考虑卫星的覆盖能力,其发射成本或寿命周期可作为约束条件。

（4）假设气象和云层等外部因素满足观测需求,不影响观测活动。

（5）成像过程中的各种约束得到简化,如不考虑开关机次数、卫星各种动作的准备时间、数据记录和下传等。

（6）由于卫星运行过程中会因为各种外部因素影响发射偏移,导致两个不同回归周期内效能不完全一致,本书在轨道动力学模型中,只考虑了 J_2 扰动,忽略更高阶的扰动,并假定卫星在一个回归周期内效能最优则意味着卫星生命周期内效能最优。

3.1.3 基于任务规划进行效能评估的部署优化框架

快速发射模式下的卫星轨道部署问题本质是一类面向任务的、包含多个目标函数的轨道设计问题。多个目标函数间存在一定的冲突性,如轨道高度越低,那么成像分辨率越高,且发射成本越低,但卫星寿命越短且卫星的视场范围越小(意味着覆盖时间越短)。根据 3.1.2 节提出的基本假设,本节重点考虑卫星的覆盖能力,虽然覆盖性包含多个指标类型,但它们之间并不存在明显的冲突,而且由于用户对观测过程提出了复杂的观测偏好,简单的覆盖分析难以度量方案对偏好的满足能力。因此,本节提出了如图 3.1 所示的优化框架。

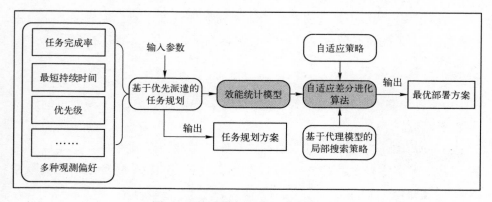

图 3.1　快速发射模式部署优化框架

该框架的核心是构建基于优先派遣的任务规划模型、效能评估模型以及设计自适应差分进化算法。通过任务规划来涵盖各种观测偏好,基于规划结果构建效能评估模型,该模型将多种类型的覆盖指标转换为一个无量纲的单一指标。设计了自适应差分进化算法,通过引入自适应策略和基于代理模型的局部搜索策略,从而更有效求解轨道部署优化问题。

3.2　基于任务规划的效能评估模型

面向任务的快速响应卫星效能涵盖多个方面,如对目标的累计观测时间、任务完成率、最大分辨率等。如果存在复杂的观测偏好,就无法应用以上单一的评估指标进行描述。下面首先给出模型的输入、输出要素,然后设计一种简单的任务规划方法,在规划结果基础上,构建能够集成多种观测偏好的效能评估模型。

3.2.1　模型输入、输出要素

快速发射模式的输入要素主要包括场景信息、重访周期、观测目标点信息以及卫星/载荷参数。

1. 输入要素

1) 场景信息

场景时间定义了对应急任务进行观测的一个时间段,要求部署的卫星在场景时间内具有最佳的效能。

2) 重访周期

对于重访轨道,重访周期实际上定义了优化周期,即描述了优化开始时间和优化结束时间。只要部署的卫星在重访周期内效能最优,就能保证卫星在整个生命周期内效能最优。重访周期以天为单位。

3) 观测目标点信息

观测目标点信息主要包括目标位置、优先级和最短持续时间。

(1) 目标位置。以目标的经纬度来表示。经纬度用来计算观测目标在哪个时间段内能被卫星观测到,即目标的时间窗口。纬度最高的目标决定了轨道倾角的最小值。

(2) 优先级。优先级以 1~10 的整数值描述了不同观测目标的重要程度,优先级越小表示目标越重要。

（3）最短持续时间。作为每个目标的属性，以秒为单位，对用于观测该目标的时间窗口长度进行约束。

4）卫星参数及视场角

卫星参数用 6 个轨道根数表示，可以结合给出的重访周期，应用算法 2.1 减少轨道根数中独立变量的个数，同时对轨道根数取值范围进行裁剪。

视场角决定了卫星观测范围，也就决定了卫星对目标的时间窗口。

2. 输出要素

效能评估模型的输出主要包括两个部分：一是规划方案，该方案给出了所有任务的开始观测时间和结束观测时间，以及观测的持续时间；二是基于任务规划结果的覆盖统计指标，该指标描述了当前方案对各种观测偏好的满足能力。

3.2.2　基于优先派遣的任务规划

本节定义的任务规划主要解决：在所有的目标中，确定哪些目标需要观测，以及根据时间窗口，给每个任务选择开始观测时间和结束观测时间。

实际的任务规划中，在数据的收集、记录和回传过程中有大量约束需要考虑，而且还涉及多星多载荷协同任务规划。本书研究的单星单载荷任务规划旨在将无法通过覆盖分析表达的观测需求利用简单的优化技术和冲突消解技术集成在规划方案中。在进行任务规划时，常采用两类算法：一种是利用进化算法对方案进行编码，利用交叉、变异等算子在整个设计空间进行搜索，获得最优的规划方案[58]；另一种是利用观测时的各种规则来选择合适的任务进行安排[59]，这种方法计算速度快，但不能保证方案的全局最优。在轨道设计阶段考虑基于简单规则的任务规划有助于提高在真正任务规划阶段满足用户需求的能力。

本书的规划问题可以抽象为一个带时间窗口约束的打包（Window Constraint Packing，WCP）问题，WCP 的特点是每个任务有一个时间窗口限制，且任务有一定持续时间。时间窗口 $[w_s, w_e]$ 的计算已在 2.2.3 节中讨论过，显然一个目标可能存在多个时间窗口。为了评估每个任务被安排时的适应度，需要定义每个时间窗口的适应度函数 S，S 主要用于表示两种观测偏好：①将任务安排在时间窗口的中间部分（安排时间的偏好 s_t）；②最小化星下线和目标之间的距离（距离偏好 s_d）。

1. 安排时间的偏好 s_t

s_t 可用式(3.1)来描述:

$$S_t = \begin{cases} 1, & \text{若 } t_c = w_c \\ 1 - \dfrac{|w_c - t_c|}{(w_c - w_s) + (t_c - t_s)}, & \text{其他} \end{cases} \tag{3.1}$$

式(3.1)的意义如图 3.2 所示。

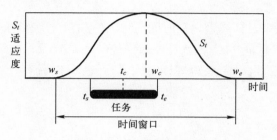

图 3.2　观测偏好示意图

其中, w_s, w_c 和 w_e 分别为时间窗口的开始、中间和结束时间点; t_s, t_c 和 t_e 分别为对观测活动的开始、中间和结束的时间点。当 t_c 和 w_c 之间的距离增加时, S_t 将减少,当 $w_s = t_e$ 或 $w_e = t_s$,观测时间和时间窗口没有任何重叠,也就意味无法安排该次观测活动。

2. 距离偏好 S_d

S_d 是对目标坐标偏离星下线时进行的惩罚, S_d 取决于目标与星下线的距离 d 和遥感器的视场范围 d_{FOV},如式(3.2)。这个偏好希望目标靠近星下线,从而提高分辨率。

$$S_d = 1 - \frac{2d}{d_{FOV}} \tag{3.2}$$

将这两个偏好联合起来,得到任一时间窗口的适应度函数为

$$S = S_t S_d \tag{3.3}$$

然后采用基于优先派遣规则(Priority Dispatch)来安排任务,其主要思想:首先安排优先级高的任务,且优先选择适应度函数高的时间窗口。具体而言,将所有待观测目标按照优先级排序并放入列表内,一旦目标处在视场范围内且满足持续时间要求,则计算其时间窗口,并将所有时间窗口按照适应度函数 S 进行排序。列表顶端的目标在其多个时间窗口中,优先选择适应度最高的时间窗口按照最短持续时间进行安排,然后位于列表第二个的目标依此规则选择相

应时间窗口。当列表中所有目标选择完时间窗口后,按照优先级大小依次将安排的最短持续时间扩充至允许的最大范围。

算法的详细描述如下。

输入:卫星的时间窗口集合$\{[w_s, w_e]\}$,任务集合$T = \{t_1, t_2, \cdots, t_N\}$。

输出:卫星的规划方案

步骤1:根据优先级将任务按降序排列,得到T',依次选择T'中优先级最大的任务t_i,$T' = T' - \{t_i\}$;

步骤2:判断该目标是否存在时间窗口,如果存在多个时间窗口,选择适应度最大的时间窗口$[w_{s,i}, w_{e,i}]$,计算当前任务的开始时间t_s和结束时间为t_e,利用该时间窗口按照目标的最短持续时间进行安排,然后有$\{[w_s, w_e]\} = \{[w_s, w_e]\} - [w_s^i, w_e^i]$;

步骤3:若$T' \neq \varnothing$且$\{[w_s, w_e]\} \neq \varnothing$,转**步骤1**,选择下一个目标进行安排,否则,转下一步;

步骤4:依T'中的目标顺序,依次将持续观测时间扩充至允许的最大值;

步骤5:输出规划方案。

综上所述,任务规划实际上受到用户观测偏好的影响,比如高优先级任务能够优先选择时间窗口和优先将持续时间扩充至允许的最大值;靠近星下线的目标分辨率较高,在出现其他应急情况时,更有能力来保证完成其他应急任务,因此目标对应的时间窗口适应度较好。但这些偏好只是决定了任务是否安排,还没有量化地体现在无量纲的目标函数中,因此需要构建基于任务规划结果的效能评估模型。

3.2.3 基于任务规划的效能评估模型

效能评估模型在任务规划方案的基础上将用户观测偏好在目标函数中进行量化:①实际的持续观测时间希望比最短持续时间更长,这个偏好可以定义为一种奖励$\text{Duration}_{\text{bonus}}^j$,$\text{Duration}_{\text{bonus}}^j = \text{Duration}_{\text{actural}}^j / \text{Duration}_{\text{desired}}^j$;②确保每个应急目标至少被观测一次,如果当某个应急目标(或多个)没被观测时,则在统计模型中加入一个惩罚项,当所有目标都被观测到时,惩罚项为0;③优先级权重越大的目标对效能评估模型贡献越大;④试验证明,应用任务规划手段能够较容易地设计轨道来观测所有目标,在这种情况下,如果能完成更多的循环任务,则轨道的效能越好。

综上所述,可以构建式(3.4)所示的效能评估模型:

$$\max \ Q = \sum_{i=1}^{N} \left[w_i \cdot t_i \left(\sum_{j=1}^{n_i} \mathrm{Duration}_{\mathrm{bonus}}^{j} \right) - w_p \cdot (1 - t_i) \right] \qquad (3.4)$$

$$w_i = \left[(\mathrm{largestPriority} - \mathrm{smallestPriority} + 1) / \mathrm{task}_i \mathrm{Priority} \right] \qquad (3.5)$$

式中: N 为原始应急目标的个数, n_i 为目标 i 被重复观测的次数; w_i 为目标 i 的优先级权重; $t_i \in \{0, 1\}$, 当 $t_i = 1$ 意味着目标 i 能够被观测, $t_i = 0$ 意味着目标 i 不能被观测(此时会给目标函数引入一个高昂的惩罚项 w_p)。

基于任务规划的效能评估模型考虑了目标完成率、目标优先级、成像质量等多个用户观测偏好,最终的效能指标值称为基于任务规划的覆盖统计指标(Coverage Statistics Based on Task Scheduling, CSTS)。相比简单的覆盖分析,在多任务的情况下,更能准确地描述面向任务的轨道效能,同时能够确保在目标位置出现局部扰动的情况下,轨道方案仍然具有较好的效能。虽然基于智能优化算法的任务规划方法能获得规划方案的全局最优解,但基于规则的启发式算法实现简单、运算效率高,能够满足轨道部署的概念设计阶段的精度要求。

3.3　自适应差分进化算法

获得快速发射模式下卫星部署的目标函数后,需要设计优化算法进行求解。如 2.3.1 节所述,差分进化算法性能对参数设置十分敏感,本书将算法参数和对应的个体进行关联,与设计变量一起参与编码,进而使参数可以通过迭代过程不断进化。只有合适的参数会随着个体一起保留到下一代,从而达到自适应过程。为了提高搜索效率,利用已知历史信息,设计基于代理模型的局部搜索策略。本章算法简称为 SA&LS-DE(Self-Adaptive Differential Evolution with Local Search)。

3.3.1　基于试验设计的初始化

为了使初始种群均匀地分布在整个设计空间内,而且尽可能全面反映设计空间的特性,本书采用正交拉丁方(Orthogonal Latin Hypercube Design, OLHD)[60]试验设计方法生成初始个体。OLHD 从拉丁方矩阵自身的结构出发,可以保证初始个体在设计空间均匀分布。图 3.3 显示了应用随机生成方法和 OLHD 生成样本点的区别。

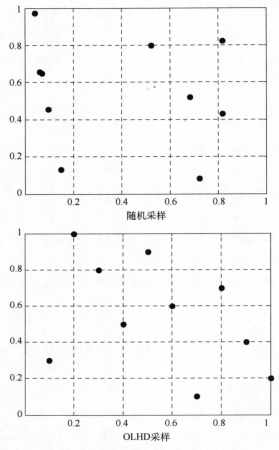

图 3.3　两种不同初始化方法的样本点分布

3.3.2　自适应策略

算法参数的初始值根据文献[61]提供的参考：$F = 0.5$，$CR = 0.9$。借鉴 JDE[61] 中的策略，将 F 和 CR 放入编码中，如图 3.4 所示。

$X_1(g)$	$F_1(g)$	$CR_1(g)$
$X_2(g)$	$F_2(g)$	$CR_2(g)$
...	...	...
$X_{NP}(g)$	$F_{NP}(g)$	$CR_{NP}(g)$

图 3.4　SA&LS-DE 编码方式

在进化过程中,设计如式(3.6)~式(3.7)的自适应策略:

$$F_i = \begin{cases} \langle F(g) \rangle_i \times e^{\tau N(0,1)}, & \text{若 } R_1 \leqslant \psi_1 \\ F_i, & \text{其他} \end{cases} \tag{3.6}$$

$$CR_i = \begin{cases} \langle CR(g) \rangle_i \times e^{\tau N(0,1)}, & \text{若 } R_2 \leqslant \psi_2 \\ CR_i, & \text{其他} \end{cases} \tag{3.7}$$

式中: R_1 和 R_2 为 $[0,1]$ 间的随机数; $\tau = 1/\sqrt{2N_{var}}$,与设计变量个数 N_{var} 相关, $N(0,1)$ 是高斯分布。 $\langle F(g) \rangle_i$ (或 $\langle CR(g) \rangle_i$)为生成该个体的基向量和差分向量的相应参数平均值,反映了对历史信息的利用。

$$\langle F(g) \rangle_i = \frac{F_i(g) + F_{i0}(g) + F_{i1}(g) + F_{i2}(g)}{4} \tag{3.8}$$

$$\langle CR(g) \rangle_i = \frac{CR_i(g) + CR_{i0}(g) + CR_{i1}(g) + CR_{i2}(g)}{4} \tag{3.9}$$

因此该自适应策略包括了对历史信息和随个体进化的参数信息的利用,由参数 ψ_1 和 ψ_2 来控制。假设 F 和 CR 的取值范围为 $[0,1]$,当算法参数随着设计变量一起进化的过程中超出既定范围时,则令该参数等于初始值。只有生存下来的个体相对应的算法参数才会进入下一代,这样算法参数就随着问题的进化过程一起得到了优化。

3.3.3　基于代理模型的局部搜索

Kriging 代理模型是一种通过解析关系来表达输入变量与输出变量之间近似关系的基于统计分析的插值技术。它根据已知样本点的相关特征信息,构建一种近似函数关系来预测未知样本点的信息[62]。由于对 Kriging 代理模型进行优化时间成本低,因此它常作为目标函数评估耗时问题的辅助优化手段。

通常,Kriging 代理模型的形式为

$$y(x) = F(\beta, x) + z(x) = f^{\mathrm{T}}(x)\beta + z(x) \tag{3.10}$$

$f(x)$ 是一个关于输入变量 x 的 0 阶、一阶或二阶多项式; β 为未知点需要估计的系数; $z(x)$ 是一个均值为 0、方差为 σ^2 的随机函数。Kriging 代理模型利用未知点附近的信息对未知点进行近似,同时利用 $f(x)$ 全局统计特性和 $z(x)$ 的局部偏差统计,使得模型对于线性问题和非线性问题都具有较好的近似效果。

局部搜索基于这样的假设:通常情况下,在最优点邻域内,出现个体适应度较好的可能性较大。本章的局部搜索策略实现如图 3.5 所示。

For $g=1 : \mathrm{MaxGex}$

　　$\cdots$ // 变异,交叉和选择算子

　　更新 H_{pop}

　　If(rand( ) $<\rho$) // 局部搜索

　　　　找到当前种群 g 中的最优个体 $x^{\mathrm{best}}(g)$

　　　　For $j=1 : \mathrm{size}(H_{\mathrm{pop}})$

　　　　　　If Distance$(j,x^{\mathrm{best}}(g)) \leqslant \delta$

　　　　　　　　将个体 j 存储在 M 中

　　　　　　EndIf

　　　　EndFor

　　　　利用 M 中的个体建立 Kriging 代理模型

　　　　优化代理模型并找到模型的最优解 $x_{\mathrm{kriging}}^{\mathrm{best}}(g)$

　　　　$X(g+1)=X(g+1) \cup x_{\mathrm{kriging}}^{\mathrm{best}}(g)$

　　EndIf

EndFor

图 3.5　局部搜索策略

　　其中, H_{pop} 记录了迭代过程中所有历史个体的信息; ρ 为执行局部搜索的概率; $x^{\mathrm{best}}(g)$ 为第 g 代的最优个体; Distance$(j,x^{\mathrm{best}}(g))$ 表示 H_{pop} 中第 j 个个体与最优点的归一化欧氏距离,利用满足 Distance$(j,x^{\mathrm{best}}(g)) \leqslant \delta$ 条件的所有个体构建代理模型。应用差分进化算法求解代理模型的最优点 $x_{\mathrm{kriging}}^{\mathrm{best}}(g)$,将最优点和在选择过程中产生的个体 X_{next} 一起加入下一代的进化中。

　　下面,结合快速发射过程中涉及的变量和多个模型,描述本书所采用的自适应差分进化算法求解流程。

3.3.4　快速发射模式下部署优化的求解流程

　　快速发射部署设计中卫星的优化变量为六个轨道根数 $(a,e,i,\Omega,\omega,\nu)$,根据用户对回归周期的要求 (R,D) ,利用算法 2.1 可以通过变量 D,e,i 和 R 来确定轨道高度,假设回归周期 D 由用户提供,那么,该问题的独立设计变量为 e,i, Ω,ω,ν 和 R。

　　利用 SA&LS-DE 算法求解快速发射部署优化问题的流程如下。

　　步骤 1(初始化):种群规模 NP、初始缩放因子 F 和交叉概率 CR、最大迭代

次数 $N_{\max}$、邻域距离 δ 和进行局部搜索的概率 ρ，以及与观测目标相关的信息。利用 OLHD 在设计空间内生成 NP 个个体 $X_i(g)$。

步骤 2(计算适应度函数)：计算当前代(g)每个个体的适应度 $f(x_i(g))$，将个体信息($x_i(g)$,$f(x_i(g))$)放入历史信息档案 H_{pop}，并记录最优个体 $x^{best}(g)$。适应度函数的计算包括以下几个方面。

步骤 2.1(计算星下线)：根据个体的轨道根数和已知步长，计算回归周期内的星下线数据[lat_t,lon_t]。

步骤 2.2(计算遥感器视场范围)：根据星下线[lat_t,lon_t]中的每个经纬度，计算当前时刻的视场范围，通过最大/最小经纬度来表示，然后可以判断目标是否处在视场范围内，如果是(对于光学载荷，要求同时受到光照)，则可以得到回归周期内针对每个目标($i=1,2,\cdots,n$)的 l 个时间窗口[$w_s^{i,j}$,$w_e^{i,j}$]($j=1,2,\cdots,l$)。

步骤 2.3(任务规划)：应用 3.2.2 节描述的方法根据[$w_s^{i,j}$,$w_e^{i,j}$]、优先级、最短持续时间等要素进行任务规划，确定每个观测活动的开始和结束时间。

步骤 2.4(效能统计分析)：利用任务规划结果，根据式(3.4)计算个体的适应度函数 Q。

步骤 3(变异操作)：根据式(2.29)执行变异操作，得到变异向量 $V_i(g)$。

步骤 4(交叉操作)：根据式(2.30)按概率 CR 从 $V_i(g)$ 或 $X_i(g)$ 中选择构成试验向量的第 j($j=1,\cdots,D$)位，得到 $U_{i,j}(g)$。

步骤 5(判断)：是否执行局部搜索。如果是，执行步骤 6，如果否，执行步骤 7。

步骤 6(局部搜索)：获得 $x^{best}(g)$ 邻域内的 Nb 个个体，以 Nb 集合为样本点构建 Kriging 模型，并求解模型的最优点 $x_{kriging}^{best}(g)$。

步骤 7(选择操作)：根据式(2.31)执行选择操作，得到进入下一代的个体集合 $X(g+1)$。该集合与步骤 6 局部搜索产生的个体一起作为下一代待评估的种群 $X(g+1) = X(g+1) \cup x_{kriging}^{best}(g)$。

步骤 8(停止标准)：重复步骤 2 直到满足终止条件。

↘ 3.4　算例分析

为了验证 SA&LS-DE 算法在快速发射模式中的有效性，本节根据应急观测目标分布特性设计了目标呈区域分布和全球分布的部署优化两个算例。

3.4.1 应急目标呈区域分布的部署优化算例

1. 算例描述

该算例假设从 2014/01/01 00:00:00 开始,需要观测某个海岸线,持续时间为半年。假设该海岸线以 10 个点目标表示,其纬度、经度、优先级和最短持续时间如表 3.1 所列。要求轨道的回归周期为 1 天(即优化周期为 1 天),遥感器的参数:$\eta_{max} = 15°$。

表 3.1 呈区域分布的观测目标信息

目标编号	纬度/(°)	经度/(°)	优先级	最短持续时间/s
1	39.91	116.39	1	45
2	37.77	118.52	4	45
3	37.07	121.95	3	45
4	33.83	119.85	2	45
5	30.84	121.12	5	45
6	28.05	120.74	9	30
7	25.38	119.02	6	30
8	23.36	116.06	2	45
9	21.95	112.39	3	45
10	19.22	109.76	1	45

在确定轨道高度范围时,需要考虑几个因素:当轨道高度较低时(小于300km),卫星发射成本少,但遥感器几何覆盖范围小,而且受大气阻力的影响,导致卫星寿命短;当卫星轨道高度高于 1500km 时,会受到地球辐射带的影响,同时卫星分辨率下降,发射成本也会增加。综合考虑分辨率、卫星寿命和范艾伦带的影响,将快速响应卫星轨道高度范围设置为 300~900km。

结合轨道高度的范围和重访周期,根据算法 2.1,可以计算满足重访条件的 R 为 14 或 15。

根据目标纬度分布情况,确定轨道倾角的最小值为 35°(比目标的最大纬度小 5°,即使此时星下线无法达到最大纬度的目标,但该目标仍然可能在遥感器的视场范围内),最大值为 90°。

对于圆轨道,$e=0$,可令 $\omega=0$,Ω 和 ν 的范围为 0°~360°。

综上所述,独立设计变量的范围如表 3.2 所列。

表 3.2 区域分布算例:设计变量范围

变量名称	下 界	上 界	变量类型
$\nu/(°)$	0	360	连续
$i/(°)$	35	90	连续
$\Omega/(°)$	0	360	连续
R	14	15	整数

采用 3.2.3 节所述的目标函数处理场景中存在的多种观测偏好。该算例对比了 DE 的两种常用策略(DE/best/1/bin 和 DE/rand/1/bin)以及它们的自适应变种(SA&LS-DE/best/1/bin 和 SA&LS-DE/rand/1/bin)。为了对比的公平性,DE 和 SA&LS-DE 的参数设置如下:最大进化代数 200,种群规模 100,初始缩放因子 0.5,初始交叉概率 0.9。目标的优先级权重 w_i 可根据式(3.5)计算,惩罚项 w_p 设为 10^3。整个观测时间以 10s 为步长计算星下线,局部搜索概率 $\rho=0.5$,Kriging 模型中 $f(x)$ 采用 x 的二阶多项式。

2. 优化结果分析

图 3.6 显示了不同算法对该算例的收敛性。在给定迭代次数的限制条件下,自适应算法在解的质量和收敛速度两方面都比标准 DE 更优。具体而言:best/1/bin 策略比 rand/1/bin 收敛更快;SA&LS-DE/best/1/bin 算法变种在求解质量和收敛速度方面最好,因此可以认为 SA&LS-DE/best/1/bin 能用最少的迭代次数找到部署问题的满意解。

四种算法获得的最优轨道参数如表 3.3 所列,所有方案都能 100% 覆盖原始的 10 个目标,由于四个方案具有相同的重复观测任务数,所有目标函数值差距不大。算法变种 SA-DE/best/1/bin 在 200 次迭代内找到了最好的满意解,四个算法变种获得的轨道高度都倾向在允许的最大轨道高度(约 7200km)来进行快速响应,此时卫星在 1 天重访周期的约束下,每天运行 14 个圈次。

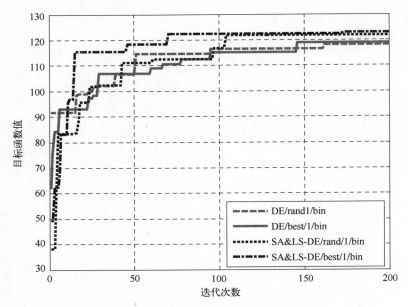

图 3.6　区域分布算例:收敛历史

表 3.3　区域分布算例:优化结果

设 计 变 量	DE/rand	DE/best	SA&LS −DE/rand	SA&LS −DE/best
$\nu(°)$	11. 70	4. 53	1	21. 53
$i(°)$	44. 52	39. 05	44. 18	42. 11
$\Omega(°)$	192. 52	177. 20	194. 64	185. 91
R	14	14	14	14
目标函数值	118. 20	118. 90	121. 86	122. 85
重复观测任务数	29	29	29	29

　　选择来自 SA&LS-DE/best 算法的最优方案做进一步分析,该方案的星下线如图 3.7 所示。图 3.7 表明多个目标可能同时处在遥感器潜在视场范围内,当这种情况发生时,即多个目标在观察时存在冲突,则高优先级目标先观察。例如,目标 1、目标 2 和目标 3 显然会同时处在视场范围内,由于卫星不能在满足最短持续时间的要求下同时观测完三个目标,这就导致冲突的发生。经分析发现,目标 2 由于优级最低,舍弃目标 2 后,剩余两个目标刚好能够被观测。

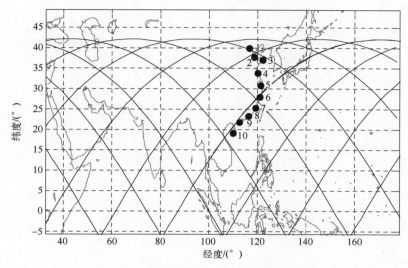

图 3.7　区域分布算例:最优方案的星下线

3.4.2　应急目标呈全球分布的部署优化算例

1. 算例描述

该算例假设从 2014/10/01 00:00:00 开始,需要对全球范围内分布的多个应急目标进行观测,持续时间为 2 个月,要求轨道的回归周期为 3 天。多个待观测目标的纬度、经度、优先级、最短持续时间如表 3.4 所列,遥感器的参数为 $\eta_{max} = 15°$。

表 3.4　呈全球分布的观测目标信息

目 标 编 号	纬度/(°)	经度/(°)	优 先 级	观测最短持续时间/s
1	39.91	116.39	1	100
2	52.52	13.33	3	100
3	−15.79	−47.90	1	100
4	−35.35	149.04	10	60
5	33.72	73.06	6	80
6	15.55	32.53	4	100

（续）

目标编号	纬度/(°)	经度/(°)	优 先 级	观测最短持续时间/s
7	11.57	104.91	6	80
8	−25.73	28.22	2	100
9	19.43	−99.13	8	80
10	11.51	−4.88	2	100
11	−33.48	−70.65	2	100
12	17.44	71.86	3	100
13	35.68	139.81	1	100
14	49.27	−122.96	6	80
15	38.91	−77.02	1	100

运用与 3.4.1 节同样的分析,变量 i 和 R 的范围可以分别确定为 $[47°,90°]$ 和 $[43,47]$,其余两个设计变量(Ω 和 ν)边界为 $0°\sim360°$。

2. 优化结果分析

该算例的收敛历史如图 3.8 所示。与第一个算例类似,SA&LS-DE/best/1/bin 算法变种在解的质量和收敛速度两方面都最优。四个算法获得的最优部署方案都能保证 100% 覆盖 15 个原始任务,见表 3.5。

对于广泛分布的多个目标,为了更直观刻画各最优轨道与目标之间的距离,定义距离测度 D_{sum}:

$$D_{sum} = \sum_{i=1}^{n} \sqrt{(lat_t - lat_{sub})^2 + (long_t - long_{sub})^2} \qquad (3.11)$$

该指标表示目标位置($lat_t, long_t$)离最近星下点位置($lat_{sub}, long_{sub}$)的距离之和。在实际应用中,目标位置往往无法完全固定,如果该指标越小,意味着部署方案对目标位置的扰动容忍度越大。从表 3.5 中可以看出,该距离与目标函数呈反相关,即目标函数值越大,则距离测度 D_{sum} 越小。

SA&LS-DE/best 算法获得的最优轨道在 3 天的重访周期内绕地运行 43 个圈次,因此 R 的最优值实为允许的下界,此时轨道半长轴处于允许的最大值(针对该算例,轨道半长轴为 7094km)。选择该方案分析目标的经、

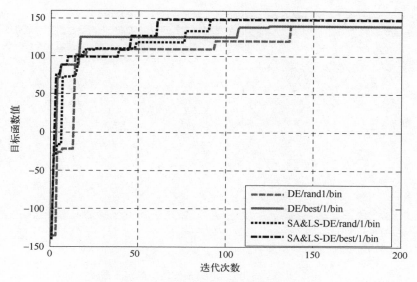

图 3.8　全球分布算例:收敛历史

纬度与星下线关系,如果目标在全球范围内广泛分布,并且不存在观测上的冲突,从图 3.9 可以发现所有观测目标都尽量靠近星下线来获得时间窗口的最大适应度。

表 3.5　全球分布算例:优化结果

设 计 变 量	DE/rand	DE/best	SA&LS –DE/rand	SA&LS –DE/best
$\nu/(°)$	325.52	325.50	244.88	244.88
$i/(°)$	53.80	53.81	53.19	53.01
$\Omega/(°)$	131.78	131.78	137.00	136.99
R	43	43	43	43
目标函数值	139.75	139.75	148.00	148.00
重复观测任务数	30	30	31	31
目标与星下点距离之和	15.29	15.29	13.55	13.55

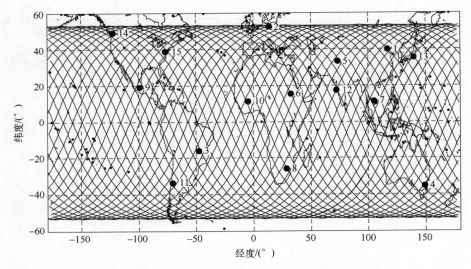

图 3.9   全球分布算例:最优轨道的星下线

3.4.3   算例比较分析

本章设计了两个具有不同目标分布特性的算例,利用快速发射模式下轨道部署优化问题对所提出的方法进行了验证,根据结果,可以得到以下结论。

(1) 宁愿增加卫星的轨道高度而不是重访周期内的圈次来提高效能指标,这就意味着可将轨道高度限制在允许的最大值,然后根据回归轨道特性,得到相应 R 值,从而进一步减少独立设计变量的个数。另外,根据图 2.9 可知,在固定的重访周期下,满足轨道高度约束的 R 取值十分有限,这就导致了轨道高度只有可数的几个选项,因此,下一步可以探讨将 D 作为一个设计变量,探讨不同 (D,R) 组合构成的回归轨道的效能区别。

(2) 不管应急目标是局部分布还是全球分布,最优方案的轨道倾角比观测目标的最大纬度大 1°~3°,在实际方案设计时,这可以作为一种经验知识来减少变量空间大小。

(3) 基于任务规划的效能评估模型能涵盖多种复杂的用户观测偏好,除了本书提出的偏好外,还可结合实际应用中偏好进行扩展。虽然基于规则的规划方法在安排任务时无法保证方案的全局最优性,尤其是对于冲突任务较多的情况,但该规划算法运算速度快,能满足概念设计阶段的精度要求。

上述两个算例获得了面向任务的 ORS 卫星部署方案,为了对比其与传统空间的区别,现选择一些在轨卫星对相同目标进行观测,对比两种空间系统在覆盖性和响应性指标上的区别(基于任务规划的效能评估指标由于与用户观测偏好相关,这里不作为比较指标)。覆盖性指标选择平均每天覆盖时间(Average Coverage Time per Day, ACT/D),响应性指标选择平均轨道响应时间(MORT)和平均重访时间(ART)。为了对比的公平性,要求在轨传统卫星与算例中快速响应卫星具有近似的轨道高度,依此标准从北美空防司令部(North American Aerospace Defense Command, NORAD)数据库中选择 8 颗成像或灾害监测卫星,由于无法获知在轨卫星的载荷参数,故假设传统卫星和快速响应卫星具有一样的载荷参数。

对于算例 1,利用 ORS 卫星和传统空间卫星对相同目标进行观测,观测周期为半年时间(2014/1/1 至 2014/6/1)。不仅比较单星之间覆盖性和响应性的区别,还比较传统空间的多星协同观测与 ORS 卫星的区别,具体结果如表 3.6 所列。

表 3.6　区域分布算例:ORS 卫星和传统空间卫星对比

SSC Number	编号	ACT/D/s	ART/s	MORT/s
27846	1	94	104320	95522
27844	2	95	103637	97209
27421	3	95	104038	99438
33320	4	58	129277	79128
33321	5	58	128762	78489
33446	6	58	128010	77282
35681	7	61	124898	75365
35683	8	61	125159	75101
—	本书 ORS 卫星	244	30867	34383
多星协同	三星协同(1,2,3)	284	35032	33933
	三星协同(4,5,6)	174	43119	34706
	三星协同(3,7,8)	217	39302	30958
	8 星协同观测	580	14770	14474

从表3.6可知,在该场景下,ORS 卫星的平均每天覆盖时间(ACT/D)为244s,平均重访时间(ART)为30867s,平均轨道响应时间(MORT)为34383s,如果任意选择三颗传统卫星进行协同观测,ORS 卫星效能近似等于三颗传统卫星协同观测的效能,因此有理由认为,对于局部重点区域,ORS 的优势十分明显。

对于算例2,仍以上述8颗卫星为观测目标,观测时间为2个月(2014/10/1至 2014/12/1),假设采用 SAR 成像(即不考虑光照条件),两者在覆盖性和响应性之间比较结果如表3.7所列。

表3.7 全球分布算例:ORS 卫星和传统空间卫星对比

SSC Number	编号	ACT/D/s	ART/s	MORT/s
27846	1	99	100038	79694
27844	2	100	100780	81681
27421	3	100	100899	83889
33320	4	65	112603	76869
33321	5	65	113477	77709
33446	6	60	125472	85566
35681	7	64	119848	80131
35683	8	63	121090	81125
—	本书 ORS 卫星	243	65860	42821
多星协同	两星协同(1,2)	199	50631	33720
	两星协同(3,4)	165	53392	43368
	两星协同(5,6)	125	59882	41674
	两星协同(7,8)	127	60859	38704
	8 星协同	616	14054	12845

从表3.7可以看出,在该场景下,ORS 卫星的 ACT/D 为243s,ART 为65860s,MORT 为42821s,如果任意选择两颗传统卫星进行协同观测,协同观测的 ACT/D 指标不如 ORS 卫星,但 ART 和 MORT 指标略好于 ORS 卫星。对比发现,对于呈全球分布的应急目标,ORS 卫星效能近似等于两颗传统卫星协同

观测的效能,ORS 较之传统空间有一定优势。

综上所述,相比服务于战略任务的传统空间,面向任务的快速响应空间体现出了服务的针对性和高效性,相同条件下,在各项指标中占有明显优势。

3.5　本 章 小 结

本章以快速发射模式下的卫星为研究对象,分析了轨道部署设计时的特点,提出了考虑用户观测偏好的部署优化框架,明确了问题的输入输出要素,设计了基于优先派遣的任务规划模型。在规划结果的基础上,构建了效能评估模型,将多种类型的覆盖指标转换为一个无量纲的单一指标。在基本差分进化算法基础上,通过引入自适应策略和基于代理模型的局部搜索策略,设计了自适应差分进化算法。最后,通过两个算例,比较分析了四种算法变种的优化性能,验证了 SA&LS-DE 算法在解决快速发射模式下的轨道部署问题的有效性,并对比了 ORS 卫星和传统空间卫星的性能区别。

第 4 章
面向短效目标的在轨重构模式卫星部署优化设计

4.1 在轨重构问题分析

根据任务需求和响应模式的映射关系,当出现某种短暂的紧急任务需求,快速发射单颗快速响应卫星难以满足快速重访、长时间覆盖等需求,而且轨道上存在可以服务于该应急需求的快速响应卫星(或传统卫星),因此可以利用一颗或多颗在轨卫星构成一个星群来进行协同观测。在大多数情况下,直接利用在轨卫星可能得不到所需的快速响应能力,为了观测特定的目标,需要通过在轨重构,即利用轨道机动来调整星群的空间相对位置,从而实现快速响应。

重构(Reconfiguration)这种方式主要应用在卫星星座中,当卫星失效或被摧毁后,通过一系列轨道机动来保持和改善星座的性能[63]。如通过重构优化实现对编队卫星的编队保持[64];当编队卫星损失后,通过重构剩下的卫星来保持编队功能[65];在 GPS 导航星座中,如果某颗卫星失效,可以通过重构来保证导航精度[66];O. L. de Weck[63]提出了一种将初始星座结构转换到另一种星座结构的通用方法,并将该方法应用于通信星座。文献[67]提出了在轨重构的两种方式:一是进行轨道调整;二是进行动态资源分配,并设计了在轨重构的辅助决策工具 SPEAR (Satellite Planner for Execution and Reconfiguration)。

4.1.1 问题特点

定义 4.1：短效目标

短效描述的是观测目标的时间属性，指需要在相对较短的时间周期内（一个月以内）进行观测的重点目标。

典型的短效目标包括地震灾区、海上事故发生地、冲突中的热点地区等，这些目标也可理解为临时目标。

目前已解决的重构问题有两个特点：一是主要考虑对星座的重构，因此重构时需要保持卫星间稳定的空间几何构型；二是参加重构的卫星数目固定，也就意味着是在已知结构的基础上优化各卫星的机动参数。

本章讨论的重构问题实质也是一个面向已知任务的轨道设计，当多颗卫星参与重构时，并不要求这些卫星来自一个星座，因此可以不必考虑卫星间的构型保持。具体而言，参与重构的卫星可以是在不同阶段发射、在不同轨道高度上执行不同的任务，临时组织起来完成对应急任务的快速响应。图4.1可视化了本章所研究的重构概念，假设有四颗在不同轨道上执行既定任务的卫星正常运行（图4.1（a）），当出现了临时的紧急任务（图4.1（b）），重构这四颗卫星来提高对紧急任务的响应能力，在轨重构的组合数为2^4，如果卫星B被选择进行轨道机动（图4.1（c）），进而改变四颗卫星的相对位置，完成机动后，卫星B和剩余三颗卫星形成了一个星群进行协同观测（图4.1（d））。当完成紧急任务后，通常需要将参与机动的卫星重新机动到原始状态，以便完成其原始的使命任务（图4.1（e）和图4.1（f））。显然，通过图4.1所示的在轨重构可以改变对特定目标的过境时间、重访时间、累计覆盖时间等效能指标。

结合任务需求，将本书的在轨重构定义为：立足于服务短效应急任务，通过调整卫星的真近点角来实现多个在轨卫星空间相对位置的变化。优化对象包括重构结构和每颗卫星的机动变量，需要找到在不同卫星机动组合下的最优机动变量。优化目标包括最大化重构后的效能、最小化机动能量消耗和机动时间。优化的难点在于该问题是一个维数可变的多目标优化问题，参与机动的卫星数目决定了设计变量的个数，而两者又共同决定了重构后的效能。因此需要基于基本的多目标差分进化算法，设计针对该问题特点的编码方式和操作算子，从而实现构型和参数同时优化。

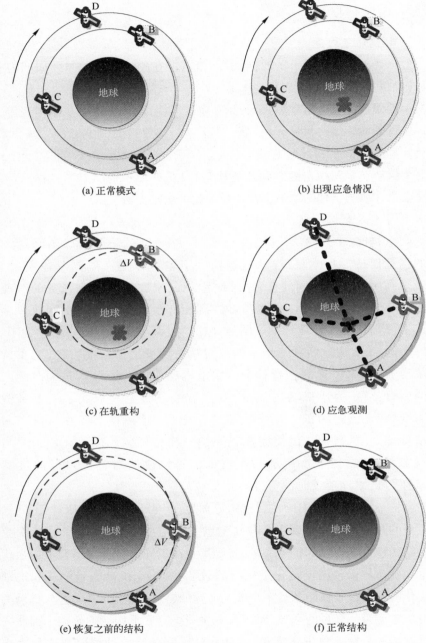

(a) 正常模式   (b) 出现应急情况

(c) 在轨重构   (d) 应急观测

(e) 恢复之前的结构   (f) 正常结构

图 4.1 在轨重构示意图

4.1.2　基本假设

在轨重构可以及时响应紧急任务而且扩展卫星的使命任务。通常情况下，在轨重构的触发条件是为了响应不可预测的紧急情况，或者偶然发生的可预测的应急情况。这些触发条件可以分为四类：

（1）任务参数发生了变化，如新增一个紧急任务；

（2）任务需求或目标函数发生了根本的改变，如要求改变卫星对目标的过境时间或要求减少卫星对目标的重访时间；

（3）快速响应卫星已经完成了既定的使命任务，为了充分利用资源，对其进行重构以便于对其他任务进行快速响应；

（4）硬件损坏。

针对这些变化，DM 必须快速决策如何在满足卫星轨道动力学约束和各分系统限制的情况下，最有效重构在轨卫星来满足需求。

在轨重构涉及轨道机动，在实际应用中受到诸多限制，本节对该问题做合理假设和简化。

（1）假设不考虑在轨卫星的能量补充，为了确保重构不会对卫星使用寿命带来太大影响，需要最小化重构过程中的能量消耗。由于改变卫星的倾角、升交点赤经等轨道根数将导致大量的能力消耗，因此本书假设通过相位机动来改变卫星间的相对位置，从而以最经济的重构方式达到快速响应能力。

（2）假设在轨重构的准备时间为机动过程消耗的时间，为了能够快速响应紧急需求，尽量减少重构过程的时间消耗。

（3）假设在轨运行的多颗备选卫星"地位"相同，不存在主从关系。在由多颗卫星组成的备选卫星集中，要求算法能够为 DM 提供不同卫星机动组合下的重构方案。

4.1.3　维数可变的卫星部署优化和决策框架

在轨重构卫星配置与部署本质是一类维数可变的多目标优化问题。维数可变体现在参与机动的卫星数目（可看做一种重构结构）决定了设计空间的大小，因此需要对重构结构和机动变量同时优化。在轨重构涉及效能、时间和成本三个方面的目标函数，它们之间存在较强的矛盾冲突性，难以将其合并为单目标，需要设计多目标优化算法进行求解。在获得大量非支配解后，由于目标函数的维数等于 3，可以利用偏好信息对方案进行可视化比较分析，再通过相关多目标决策方法辅助 DM 从 Pareto 最优解集获取最佳妥协解,从而方便 DM 快速选择重构方案。基于上述思路,本书采用如图 4.2 所示的优化框架。

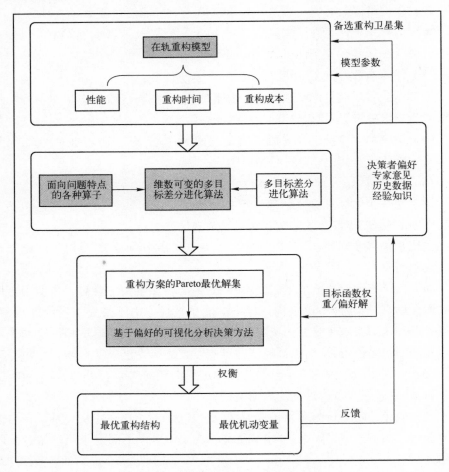

图 4.2　快速发射模式部署优化框架

该框架根据用户提供的备选卫星集合和模型参数,将在轨重构描述为同轨的轨道交会问题,主要考查的指标是重构后的效能,以及交会所需时间和交会成本(能量消耗),由此可建立效能-时间-成本的多目标优化模型。由于该问题维数可变,因此在多目标差分进化算法的基础上,面向问题提点设计了新的编码方式,以及新的初始化、变异、交叉、选择等算子,提出了维数可变的多目标差分进化算法 VSMODE(Variable-size Multi-objective Differential Evolution),算法能够同时优化重构结构和机动变量。面对算法获得的大量非支配解,本书设计了基于决策偏好的方案排序机制,并利用可视化分析技术辅助用户进行多目标决策。

4.2　在轨重构优化模型

4.2.1　优化变量与约束条件

假定备选的多颗卫星在轨道上的分布不具有规律性,各自长半轴、轨道倾角和偏心率不尽相同,优化模型存在四个优化变量。

（1）重构过程中参与机动的卫星颗数 N;

（2）机动卫星的真近点角改变量 ν;

（3）同轨交会时,目标器运行的圈次 K_{tgt};

（4）同轨交会时,拦截器在调相轨道上运行的圈次 K_{int}。

N 为整数变量,假设备选卫星数目为 N_{max},则 N 的取值范围为 $0 \sim N_{max}$。ν 的取值范围为 $[-180°, 180°]$。

K_{int} 和 K_{tgt} 的取值与能量消耗（Delta V）或机动时间（Maneuver Time）有关,当 K_{int} 或 K_{tgt} 越大,能量消耗越小,机动时间越长;K_{int} 或 K_{tgt} 越小,能量消耗越大,机动时间越短。通常如果 K_{int} 和 K_{tgt} 的差距较大,将导致很长的机动时间,不满足快速响应的要求,因此有理由假设 $K_{int} = K_{tgt}$。当 $K_{int} = K_{tgt}$ 时,K_{int} / K_{tgt} 与能量消耗和机动时间的关系如图 4.3 所示。

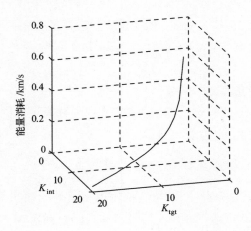

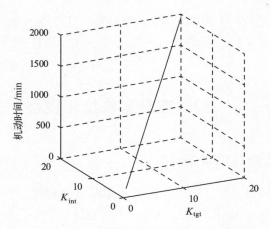

图 4.3　K_{int} 和 K_{tgt} 与能量消耗和机动时间的关系

4.2.2　目标函数

　　虽然可以通过改变卫星的一个或多个轨道根数实现重构,但大多数情况下,卫星一旦到达执行任务的目标轨道后,很少进行非共面的机动,在没有燃料补充的情况下,这类机动将严重缩短卫星的生命周期。本节讨论的轨道机动属于一种相位机动,相位机动的能量消耗与所消耗的机动时间有关,通过适当增加机动时间,获得可以接受的能量消耗[68]。

　　相位机动可看做一个同轨的轨道交会问题。假设两颗卫星(拦截器和目标器)在相同轨道上,其中一颗卫星通过机动(霍曼转移),与在相同轨道上运行的另一颗卫星进行会合的过程。交会后,两个飞行器不仅要在同一轨道,还需具有相同速度。在这个过程中,主要考查的两个指标是交会所需的能量消耗和时间消耗。下面针对实际中存在的两种情况,分析交会中的动力学问题。

1. 目标飞行器在前方的交会

　　这种情况下,卫星 i 的相位机动可描述为:两颗卫星在同一轨道上,目标卫星在前方,超过地心角 θ_0,如图 4.4 所示。

　　要想拦截器与目标器交会,需要在 A 点施加一个减速的速度增量 $\frac{\Delta V}{2}$,使之进入调相轨道(Phasing Orbit),因为调相轨道相对原始轨道具有较短的轨道周期,目标器经过 K_{tgt} 圈次运行 θ 角度后与拦截器同时到达 A 点,此时给拦截器施

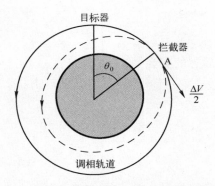

图 4.4　轨道交会示意图(目标飞行器在前方)

加加速速度增量 $\dfrac{\Delta V}{2}$，实现拦截器和目标器的交会。显然，交会的条件为

$$\theta = K_{\mathrm{tgt}}(2\pi) - \theta_0 \tag{4.1}$$

a_{tgt} 为目标轨道的轨道半长轴，则目标轨道的角速度为

$$w_{\mathrm{tgt}} = \sqrt{\dfrac{\mu}{a_{\mathrm{tgt}}^3}} \tag{4.2}$$

因此，卫星 i 的机动时间为

$$MT = \dfrac{\theta}{w_{\mathrm{tgt}}} \tag{4.3}$$

机动时间 MT 同时等于拦截器在调相轨道上运行 K_{int} 圈次所用的时间，因此调相轨道的轨道半长轴可以表示为

$$a_{\mathrm{phase}} = \left(\mu \left(\dfrac{MT}{2\pi K_{\mathrm{int}}} \right)^2 \right)^{\frac{1}{3}} \tag{4.4}$$

调相轨道是椭圆轨道，已知椭圆轨道的半长轴，则可计算出从圆轨道到椭圆轨道所需的能量消耗：第一次减速速度增量 $\dfrac{\Delta V}{2}$ 使卫星从初始轨道转移到椭圆轨道，第二次加速速度增量 $\dfrac{\Delta V}{2}$ 使卫星从椭圆轨道回到初始轨道，这两次速度增量的绝对值相同，因此交会过程中所需的能量消耗为

$$\Delta V = 2 \left| \sqrt{\frac{2\mu}{a_{tgt}} - \frac{\mu}{a_{phase}}} - \sqrt{\frac{\mu}{a_{tgt}}} \right| \qquad (4.5)$$

2. 目标飞行器在后方的交会

两颗卫星在同一轨道上,目标卫星在拦截器后方,落后地心角 θ_0,如图 4.5 所示。

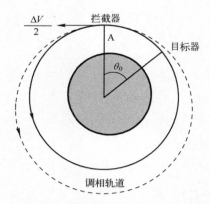

图 4.5　轨道交会示意图(目标飞行器在后方)

拦截器要与目标器交会,需要在 A 点施加一个加速的速度增量 $\frac{\Delta V}{2}$,使之进入调相轨道,目标器经过 K_{tgt} 圈次运行 θ 角度后与拦截器同时到达 A 点,此时施加减速速度增量 $\frac{\Delta V}{2}$,实现拦截器和目标器的交会。显然有

$$\theta = K_{tgt}(2\pi) + \theta_0 \qquad (4.6)$$

交会过程所需的能量消耗和交会时间计算与前面类似:

$$MT = \frac{\theta}{w_{tgt}} \qquad (4.7)$$

$$\Delta V = 2 \left| \sqrt{\frac{2\mu}{a_{tgt}} - \frac{\mu}{a_{phase}}} - \sqrt{\frac{\mu}{a_{tgt}}} \right| \qquad (4.8)$$

不管是目标器在前方还是后方的交会,从式(4.7)和式(4.8)可以看出,随着 K_{tgt} 或 K_{int} 的增加,机动时间 MT 将增加,而能量消耗 ΔV 将减少。通常情况下,如果 K_{tgt} 和 K_{int} 相差较大时,将导致交会过程需要很长的机动时间,因此可以假设 $K_{tgt} = K_{int}$。需要注意的是,在选择 $K_{tgt}(K_{int})$ 时,需要保证调相轨道的

近地点高度大于地球半径。累计所有卫星的能量消耗和机动时间可得 ΔV_{total} 和 MT_{total}。

　　除了轨道交会中的两个目标函数，重构的效能函数可以有多个选择，包括 2.2.2 节描述的平均重访时间 $\text{ART}(\nu)$ 和累计覆盖时间 $\text{TCT}(\nu)$ 以及 3.2 节描述的基于任务规划的覆盖统计指标 $\text{CSTS}(\nu)$。根据任务需求，可以确定在轨重构的优化目标是以最少的能量消耗和机动时间来实现重构后的效能最大化，因此多目标问题可表示为

$$\text{Maximize：} P(\nu)$$
$$\text{Minimize：} \{\Delta V_{\text{total}}(\nu,K_{\text{tgt}},K_{\text{int}}),MT_{\text{total}}(\nu,K_{\text{tgt}},K_{\text{int}})\} \qquad (4.9)$$
$$\text{s. t.：} K_{\text{tgt}}=K_{\text{int}}$$

式中：ν，K_{tgt} 为决策变量；$P(\nu)$ 为效能函数，最大化效能函数意味着最小化 $\text{ART}(\nu)$，或者最大化 $\text{TCT}(\nu)$，或者最大化 $\text{CSTS}(\nu)$；$P(\nu)$，$\Delta V_{\text{total}}(\nu,K_{\text{tgt}},K_{\text{int}})$，$MT_{\text{total}}(\nu,K_{\text{tgt}},K_{\text{int}})$ 这三个目标函数相互冲突，需要设计多目标优化算法来获得非支配解。

4.3　重构结构和机动变量同时优化的多目标差分进化算法

　　重构问题求解的难点可概括为：在备选的重构卫星中，参与机动的卫星未定，如果要对卫星间的相对位置进行优化，则重构是一个维数可变的多目标优化问题；而且机动组合方式与备选卫星数呈指数增长，在备选卫星数量较多的情况下，通过不同组合来多次求解导致时间成本过高。因此需要设计一种优化算法对重构结构和机动卫星的变量进行同时优化。

　　进化算法虽然在卫星轨道设计、星座设计和编队设计[66,69-70]中广泛应用，但难以直接应用进化算法有效求解维数可变的多目标在轨重构问题：一是传统进化算法的编码方式不适合处理维数可变的优化问题，需要设计一种新的编码方式；二是标准进化算法的交叉、变异算子都作用于染色体等长的个体，虽然文献[71]设计的改进算子使得两个不同长度的个体能够进行交叉、变异操作，并用于优化维数可变的单目标问题，但对于多目标问题，最优解是通过 Pareto 最优解集的形式存在，所以很难通过比较两个个体的适应度来决定是对长度进行

增加或减少。

由于所有参与重构的卫星拥有相同的设计变量,在编码时,将每颗卫星作为一个组件,设计了面向问题特征的编码方式和进化算子以保证算法能搜索到不同机动组合下的 Pareto 最优解。为此,以 MODE 为基础,本节提出的 VSMODE 采用固定长度[72]编码机制,分两层对染色体进行编码,上层编码对象为重构结构,下层编码对象为每颗卫星的机动变量。为了提高算法对不同结构的搜索能力,以及优化结果中个体的分布性和多样性,算法采用了改进的初始化、交叉、变异和选择算子。下面详细介绍算法采用的编码方式以及各种改进算子。

4.3.1 算法编码方式

进化算法可以利用可变长度编码的方式处理维数可变的问题,即染色体长度等于变量的长度,进化过程中适时改变长度。但它一方面要求定义新的进化算子来增加和减少染色体的长度,增加了算法的复杂性,另一方面也带来了新的问题,如不同长度的染色体如何进行重组,新增加的变量如何给定初值等。VSMODE 采取双层编码方式,下层利用固定长度机制对机动变量进行编码,即将染色体长度固定为变量可能的最大长度,染色体中并非所有的基因(变量)都起作用,而是根据上层采取的整数编码(定义为表达向量)按照一定的"激活"规则确定哪些基因是显性,哪些基因是隐性,将所有显性基因的长度定义为染色体的有效长度。采用双层编码机制使得在进化过程中,整个染色体都参与进化操作,实现简单,不存在新增或删减染色体长度,可方便地处理维数可变的多目标优化问题。双层编码方式如图 4.6 所示。

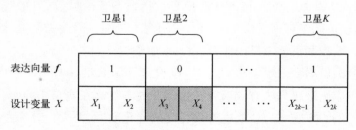

图 4.6　在轨重构优化算法的编码方式

表达向量 $f, f=(f_1, f_2, \cdots, f_K)$(取值为 0 或 1)决定了对应的设计变量是显性还是隐性,从而使得重构结构在进化过程中可变。只有显性的设计变量参与卫星机动,如卫星 2 是隐性的,在重构的效能评估过程中,它的值保持为初始值,而其余卫星在评估时采用机动后的优化值。双层编码方式既保证能搜索到整个空间,又不产生非法后代,而且表达向量直接决定了染色体有效长度,间接地对重构结构施加了影响。

4.3.2　基于多个子种群的初始化

在初始化时,为了使个体分布在不同重构结构下,本节提出了包括多个子种群的初始化方法(Multiple Sub-population Initialization,MSI)。不同子种群的染色体有效长度不一样,同一子种群的个体具有相同的有效长度。每个初始子种群规模一样,通过 OLHD 试验设计方法生成每个子种群的个体。子种群的规模会随着优化的进行而朝着具有更好适应度的有效长度进化。

MSI 算法流程如图 4.7 所示。

Given:染色体最大允许的有效长度 L_{max},$f=(0,0,\cdots,0)$

　　　　$N_{sub}=L_{max}$　　//将种群规模(NP)分为 N_{sub} 个子种群

　　　　$N_{subpop}=NP/N_{sub}$　　//每个子种群规模(N_{subpop})相同

For　$i=1:NP$

　　　应用 OLHD 对设计变量 X 进行初始化

Endfor

For　$j=1:N_{sub}$

　　　For $p=1:j$

　　　　　随机从 f 选择 $f_q=0,q\in[1,K]$

　　　　　$f_q=1$

　　　EndFor

EndFor

图 4.7　MSI 算法流程

上述初始化过程实际对两组变量进行初始化:应用试验设计方法初始化设计变量的目的在于使初始个体在设计空间分布更均匀,有利于寻找每颗卫星的最优机动变量;对表达向量的初始化保证了在初始条件下所有重构结构都可能参与进化,进而找到重构结构的 Pareto 前沿。MSI 进化过程如图 4.8 所示。

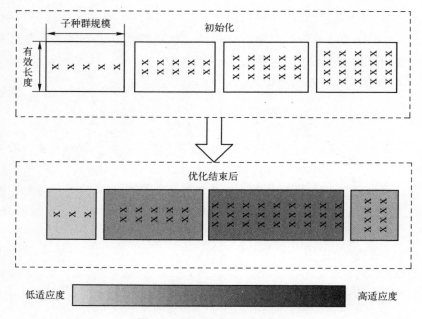

图 4.8　MSI 进化过程示意图

4.3.3　结合估计分布的变异算子

变异算子仅应用在设计变量上。

在生成下一代个体时，可以对当前非支配解的各个维度数据进行统计分析，试图发现变量的分布规律，指导个体朝最优方向进行进化。因此，在 VSMODE 算法中，利用估计分布算法（Estimation of Distribution Algorithm，EDA）[73]对进化算法中的历史知识进行概率统计，进而生成潜在最优个体。

假设 K 颗卫星相互独立，那么选择当前迭代过程中的 NP 个体生成第 g 代的高斯混合分布密度函数为

$$p(\boldsymbol{x}(g)) = \prod_{i=1}^{2K} p(x_i(g)) \tag{4.10}$$

其中 $p(x_i(g))$ 是维度 i 的密度函数：

$$p(x_i(g)) = \frac{1}{NP} \sum_{j=1}^{NP} N(\mu_{i,j}^g, \sigma_{i,j}^g) \tag{4.11}$$

其中 $N(\mu_{i,j}^g, \sigma_{i,j}^g)$ 是正太分布，均值 $\mu_{i,j}^g$ 和方差 $\sigma_{i,j}^g$ 估计方式如下：

$$\mu_{i,j}^g = \frac{1}{NP} \sum_{i=1}^{NP} x_{i,j}(g) \tag{4.12}$$

$$\sigma_{i,j}^{g} = \sqrt{\frac{1}{NP}\sum_{i=1}^{NP}(x_{i,j}(g)-\mu_{i,j}^{g})^{2}} \tag{4.13}$$

根据构建的概率模型,自适应的变异过程如图 4.9 所示。

If(rand(0,1)>P_{EDA})

　　$V_{i}(g) = X_{i0}^{\text{best}}(g) + F.(X_{i1}(g)-X_{i2}(g))$,$(i0 \neq i1 \neq i2)$

Else

　　根据概率模型 $p(\mathbf{x}(g))$ 生成 $V_{i}(g)$

EndIf

图 4.9　结合估计分布的自适应变异过程

其中 $X_{i0}^{\text{best}}(g)$ 为当前代的最优解。$P_{\text{EDA}}(0 \leq P_{\text{EDA}} \leq 1)$ 决定采用哪种变异模式(传统模式和 EDA 模式)。P_{EDA} 的初始值设为 0.5,即两种模式生成新个体的概率一样,然后 P_{EDA} 等于根据 EDA 模式生成的个体在当前 Pareto 前沿中的比例。采用该变异策略可使算法避免局部最优同时提高收敛速度。

4.3.4　自适应交叉算子

设计变量的交叉主要用于决定新产生的个体来自上一代个体或者目标个体,可根据式(2.30)执行,其交叉概率参考式(3.7)所定义。本节定义的自适应交叉算子仅作用于表达向量,主要用于改变向量的有效长度。算子的自适应主要表现在两个方面:一方面,计算当前 Pareto 前沿的有效长度集 $\mathbf{L}_{\text{effecive}}$,如果差集 $\mathbf{K}-\mathbf{L}_{\text{effecive}}(\mathbf{K}=\{1,2,\cdots,K\})$ 不为空,则随机生成一个向量有效长度属于差集的表达向量取代原始表达向量。另一方面,实验证明表达向量的有效长度越长,算法越难收敛到最优重构结构。原因在于较长的表达向量需要更多的个体来确保收敛,因此设计下式所示的自适应交叉模式作用于表达向量:

$$\begin{cases} E(f_{U_{i}(g)}) = \text{random } k & \text{若}(\mathbf{K}-\mathbf{L}_{\text{effecive}} \neq \varnothing \text{且 } k \in \mathbf{K}-\mathbf{L}_{\text{effecive}} \text{且 } \text{rand}_{j} \leq CR_{i}(g)) \\ f_{U_{i,j(g)}} = \begin{cases} 1 & \text{若 } \text{rand}_{j} \leq CR_{i}(g) \\ f_{X_{i,j(g)}} & \text{其他} \end{cases} \end{cases}$$

$$\tag{4.14}$$

式中:$E(f_{U_{i(g)}})$ 为个体 $U_{i}(g)$ 的表达向量的有效长度;$f_{U_{i,j(g)}}$ 为 $U_{i}(g)$ 在维度 $j(j=1,2,\cdots,K)$ 上表达向量的取值。自适应交叉概率定义为

$$CR_i(g) = \begin{cases} 2P_A \cdot CR \cdot \left(\dfrac{\text{CurGen}}{\text{MaxGen}}\right) - CR, & \text{若 CurGen} > \dfrac{\text{MaxGen}}{P_A} \\[3mm] CR, & \text{若 CurGen} < \dfrac{\text{MaxGen}}{P_A} \end{cases} \tag{4.15}$$

式中:CR 为预先定义的交叉概率;CurGen 为当前迭代数;MaxGen 为算法允许进行的最大迭代数;P_A 越大意味着自适应策略在优化时将越早采用。这两方面的自适应策略确保算法注重探索被忽略的有效长度和有效长度较长的表达向量。在设计变量上应用第 3 章提出的交叉算子使得算法能够找每颗卫星的最优机动变量,在表达向量上应用本章的自适应交叉算子使得算法能够搜索到最优重构结构。

4.3.5 选择算子和外部种群管理

VSMODE 算法的选择算子的基本思想是来自快速非支配排序(NSGA-II),但根据问题特点,做了适当改进。传统的选择方法是在由父代和子代组合的并集中,应用非支配排序进行选择,在 VSMODE 算法中,将试验向量和目标向量进行比较,如果试验向量支配目标向量,则试验向量立马取代目标向量。这样保证新生成的向量能够进入下一代的迭代中。同时,VSMODE 采取了面向问题特征的精英保护策略:所有个体按照有效长度进行分类(子种群),要求在优化时每个子种群的精英数为 20%,这样使得算法能够在每个子种群进行充分的探索。需要注意的是,并不是每个子种群的长度都能够体现在最终 Pareto 前沿上,因此设置参数 $\beta (0 \leq \beta \leq 1)$,当 CurGen/MaxGen $\leq \beta$ 时,应用精英保护策略。

将当前代获得的非支配解集 NS_{i+1} 复制到外部种群 A_i 中,比较 NS_{i+1} 中每个个体是否被 A_i 中的个体支配,如果是,则删除被支配的个体。当外部档案超过既定规模时,进行剪枝操作。算法达到最大迭代次数后,外部种群的个体作为近似 Pareto 最优解。

↘ 4.4 基于偏好的可视化决策

VSMODE 算法可以获得在轨重构一系列非支配解,对 DM 来说,从大量的非支配解中选择最终方案并不容易,因此本节利用可视化技术分析 Pareto 前沿并辅助 DM 进行决策。

4.4.1　n 维空间分层可视化技术

文献[74]通过可视化的方法帮助 DM 进行决策分析,其基本原理是在近似 Pareto 前沿基础上,通过归一化所有维度的目标函数与正理想解的距离,采取距离和的形式构造一个所有目标函数共享的基准信息,然后将 Pareto 前沿分层绘制在不同的子图上。下面简要叙述其原理。

根据多目标函数的一般定义,在获得的 Pareto 前沿 P^* 中,需要对每个维度的目标函数统一量纲,因此将每个目标函数按式(4.16)进行归一化处理,得

$$\hat{f}_q(\theta) = \frac{f_q(\theta) - f_q^{\min}}{f_q^{\max} - f_q^{\min}}, q \in [1, \cdots, n] \qquad (4.16)$$

其中

$$f^{\min} = \left[\min_{f_1(\theta) \in f_{P^*}} f_1(\theta), \cdots, \min_{f_n(\theta) \in f_{P^*}} f_n(\theta) \right]$$

$$f^{\max} = \left[\max_{f_1(\theta) \in f_{P^*}} f_1(\theta), \cdots, \max_{f_n(\theta) \in f_{P^*}} f_n(\theta) \right] \qquad (4.17)$$

由定义可知

$$0 \leqslant \hat{f}_q(\theta) \leqslant 1 \qquad (4.18)$$

其中 $\hat{f}_q(\theta) = 0$ 意味着方案 θ 在第 q 个目标函数具有最优值,$\hat{f}_q(\theta) = 1$ 意味着方案 θ 在第 q 个目标函数具有最差值。当 Pareto 解集规模比较大时,还可以通过聚类分析减少 Pareto 解集规模,方便用户可视化。$\hat{f}_q(\theta)$ 评价了 q 维目标与理想点的距离,$\hat{f}(\theta) = [\hat{f}_1(\theta), \cdots, \hat{f}_n(\theta)]$ 表示方案 θ 在目标函数空间与正偏好解 f^{ideal} 的贴近程度,为了更好地描述共享基准信息,利用不同的范数 $\|\hat{f}(\theta)\|_p$ 来定义贴近程度:

(1) 一阶范数

$$1 - \text{norm}: \|\hat{f}(\theta)\|_1 = \sum_{q=1}^{n} |\hat{f}_q(\theta)|, \quad 0 \leqslant \|\hat{f}(\theta)\|_1 \leqslant n \qquad (4.19)$$

(2) 二阶范数

$$2 - \text{norm}: \|\hat{f}(\theta)\|_2 = \sqrt{\sum_{q=1}^{n} \hat{f}_q(\theta)^2}, \quad 0 \leqslant \|\hat{f}(\theta)\|_2 \leqslant \sqrt{n} \qquad (4.20)$$

(3) 无穷范数

$$\infty - \text{norm}: \|\hat{f}(\theta)\|_\infty = \max\{\hat{f}_q(\theta)\}, \quad 0 \leqslant \|\hat{f}(\theta)\|_\infty \leqslant 1 \qquad (4.21)$$

不同范数可以从不同角度反映 Pareto 前沿的特点,它们也具有不同的适用性:1-norm 适合于非线性问题,2-norm 适合于线性问题,∞-norm 适合于关注极端情况的决策分析。

4.4.2　基于偏好的方案排序机制

式(4.19)~式(4.21)只利用了正理想解,定义的贴近程度将每个目标函数同等对待,不能体现出决策过程中用户的偏好信息。本节设计了基于用户偏好的方案排序机制,考虑的用户偏好主要包括目标函数权重和正、负偏好解信息。

针对用户提供的目标函数权重信息,采用 w-norm 共享基准[75],对于一阶和二阶范数,w-norm 分别表示为

$$1 - \text{w-norm}: \|\hat{\boldsymbol{f}}(\theta)\|_{1-\text{w}} = \sum_{q=1}^{n} w_q |\hat{f}_q(\theta)| \qquad (4.22)$$

$$2 - \text{w-norm}: \|\hat{\boldsymbol{f}}(\theta)\|_{2-\text{w}} = \sqrt{\sum_{q=1}^{n} (w_q \hat{f}_q(\theta))^2} \qquad (4.23)$$

式中: $\sum_{q=1}^{n} w_q = 1$, $w_q \in [0,1]$,当 DM 没有给出目标函数权重时, $w_q = \dfrac{1}{n}$。

在实际应用中,DM 往往能提供正、负偏好解(正、负理想解也是一种偏好解),希望利用正、负偏好解来对方案进行排序:当方案距离正偏好解最近、负偏好解最远时,认为该方案最优。

如果正、负偏好解分别定义为 S^+ 和 S^-,方案 θ 与正、负偏好解的距离分别表示为 $d_q^+(\theta)$ 和 $d_q^-(\theta)$,对于最终获得的 Pareto 前沿,方案 θ 在维度 q 与正、负理想解的贴近度 $c_q(\theta)$ 可表示为

$$c_q(\theta) = \frac{d_q^+(\theta)}{d_q^-(\theta)} \qquad (4.24)$$

将贴近度归一化后可表示为

$$\hat{c}_q(\theta) = \frac{c_q(\theta) - c_q^{\min}}{c_q^{\max} - c_q^{\min}}, q \in [1, \cdots, n] \qquad (4.25)$$

其中

$$c^{\min} = [\min_{c_1(\theta) \in cP^*} c_1(\theta), \cdots, \min_{c_n(\theta) \in cP^*} c_n(\theta)]$$

$$c^{\max} = [\max_{c_1(\theta) \in cP^*} c_1(\theta), \cdots, \max_{c_n(\theta) \in cP^*} c_n(\theta)] \qquad (4.26)$$

由式(4.25)可知,当方案离正偏好解越近,离负偏好解越远时,贴近度越

小。在此基础上本章提出了基于正负偏好解的 2p-norm,其一阶范数 1-2p-norm 和二阶范数 2-2p-norm 分别为

$$1 - 2p - \text{norm}: \|\hat{\boldsymbol{f}}(\theta)\|_{1-2p} = \sum_{q=1}^{n} c_q \tag{4.27}$$

$$2 - 2p - \text{norm}: \|\hat{\boldsymbol{f}}(\theta)\|_{2-2p} = \sqrt{\sum_{q=1}^{n} (c_q)^2} \tag{4.28}$$

由于在轨重构的 Pareto 前沿具有非线性特性,因此采用 1-w-norm 或 1-2p-norm 进行决策分析。然后,以 $\|\hat{\boldsymbol{f}}(\theta)\|$ 为纵坐标,以每个目标函数 $(f_q(\theta),$ $\|\hat{\boldsymbol{f}}(\theta)\|)$ 或 $j(j=1,2,\cdots,m)$ 维设计变量 $(\theta_j, \|\hat{\boldsymbol{f}}(\theta)\|)$ 为横坐标进行单独的可视化显示,共可绘制 $(m+n)$ 个子图。可以看出,同一方案在不同子图中对应的 y 轴坐标相同,y 值越低,则方案越满足用户偏好。因此通过分层区分了 Pareto 最优解集的特点。

综上所述,在可视化决策过程中,可采取的共享基准包括 1-norm,1-w-norm 和 1-2p-norm。在下节算例的决策过程中,将分别应用这三个基准信息进行最终方案的选择。

4.5　算 例 分 析

4.5.1　算法评价标准

为了验证算法的有效性,将 VSMODE 算法与其余两种算法进行对比:

(1) MODE-C:应用标准 MODE 求解该问题,然后比较初始 ν(卫星初始位置)和其最优值(优化后的卫星位置)的差距 Δv,当差距小于设定的阈值时,认为该颗卫星不参与机动,据此可以确定重构结构。选择该算法目的在于验证两层编码方式的有效性。

(2) VSMODE-R:应用 VSMODE 的基本框架,但不包括 VSMODE 中各种改进算子,目的在于验证各种改进算子的有效性。

为了定量化算法对该问题的适用性,在近似 Pareto 前沿基础上设计了三个评价准则。

1. 非支配解个数(Number of Non-dominated Solutions, NNS)

每种算法执行完得到各自的近似 Pareto 前沿,分别记为 A,B,C。一般情况

下,A 中的某些解可能被 B 或 C 中的某个解支配,为了累计算法求得的非支配解个数,定义 NNS,其计算方法为:假设理想 Pareto 前沿由集合 $A \cup B \cup C$ 中的非支配解组成,记为 P^*,则 A 中的 NNS 可用下列集合表示:

$$\text{NNS} = |\{a \in A \mid \forall p \in P^*, p \text{ does not dominate } a\}| \tag{4.29}$$

NNS 实质是计算有多少近似 Pareto 中的解与理想 Pareto 前沿存在非支配关系。NNS 可以看做对近似 Pareto 最优解集的质量进行评估,NNS 个数越多,算法性能越好。

2. 收敛程度(C_P)

C_P 测量近似 Pareto 前沿 P_a 与理想 Pareto 前沿的距离,如果距离越大,说明近似 Pareto 前沿的误差越大。假设 P^* 是沿理想 Pareto 前沿均匀分布的集合,为了表示算法的收敛程度,C_P 定义为[76]

$$C_P(P_a, P^*) = \frac{\sum\limits_{\Delta \in P^*} d(\Delta, P_a)}{|P^*|} \tag{4.30}$$

其中 $d(\Delta, P_a)$ 是解 Δ 和近似 Pareto 前沿 P_a 最小的归一化欧氏距离。

$$d(\Delta, P_a) = \min_{j=1}^{|P_a|} \sqrt{\sum_{m=1}^{k} \left(\frac{f_m(\Delta) - f_m(P_a^j)}{(f_m^{\max} - f_m^{\min})} \right)} \tag{4.31}$$

3. 解集分布度(D_E)

D_E 是针对重构问题设计的一个评价准则,因为 DM 希望优化算法获得在不同卫星机动组合下的最优解,D_E 考查近似 Pareto 前沿在不同有效长度上的分布情况。

假设集合 E 中的元素定义为近似 Pareto 前沿上每个个体表达向量的有效长度。

$$E = \{e_i \mid e_i \in [1, 2, \cdots, K], i = 1, 2, \cdots, NP\} \tag{4.32}$$

统计 E 中具有相同有效长度的个数,定义为 $E_j^s (j = 1, 2, \cdots, K)$。然后 D_E 定义为 E_j^s 的方差,D_E 越小,意味着算法获得的解在各种有效长度上都有均匀分布,也就意味着算法可以找到各种不同的机动卫星组合。

4.5.2 算例描述

本节仍以 2.2 节和 3.2 节中分别提供的覆盖性、响应性和任务规划统计指标为基础,从三个方面验证算法的有效率以及通过在轨重构来提高响应能力的可行性:①通过在轨重构缩短重访时间;②通过在轨重构提高累计覆盖时间;③通过在轨重构改善基于任务规划的统计结果。

假设五颗备选在轨卫星的轨道根数如表 4.1 所列(详情见文献[77])。假设所有卫星搭载光学载荷,$\eta_{\max}$ 为 15°。

表 4.1　备选卫星轨道根数

编号	a/km	$i/(°)$	e	$\Omega/(°)$	$\omega/(°)$	$\nu/(°)$
1	7264.2	99.1	0.0017	263.1	25.9	334.3
2	7231.4	98.6	0.0015	279.1	124.3	236.0
3	7240.2	98.7	0.0013	309.4	276.1	83.9
4	6985.2	97.7	0.0012	358.7	109.6	250.7
5	7118.8	98.5	0.0014	350.5	32.4	327.8

从图 4.3 得知,当 $K_{\mathrm{tgt}}<4$ 时,导致能量消耗过大;当 $K_{\mathrm{tgt}}>12$ 时,导致机动时间过长。综上所述,每颗机动卫星的独立设计变量范围如表 4.2 所列。

表 4.2　设计变量范围

变量名	下界	上界	类型
ν	-180°	180°	连续
K_{tgt}	4	12	整数

三种算法参数设置如下:针对算例 1,种群规模为 100(外部档案规模 100),针对算例 2,种群规模为 150(外部档案规模 150)。三种算法的最大迭代次数为 200,初始缩放因子为 0.5,初始交叉概率为 0.8,在优化过程中缩放因子和交叉概率采用 3.3 节提出的自适应策略。在 VSMODE 和 VSMODE-R 中,作用于表达向量的自适应交叉算子中 $P_A = 2$,在 MODE-C,$\Delta v = \dfrac{v_{\mathrm{final}} - v_{\mathrm{initial}}}{v_{UB} - v_{LB}}$,比较阈值 $\kappa = 0.01$。

下面首先求解三个在轨重构问题,进行相应的优化和决策分析,然后总结在轨重构中存在的一些规律和结论。

4.5.3　减少重访时间

1. 优化结果分析

在这个算例中,考虑重构三颗备选卫星(No. 1 ~ No. 3)减少在短周期内(2014/05/01—2014/05/15,15 天)对特定目标(N31°/E103°)的平均重访时间(Average Revisit Time,ART)。算例的目的在于验证重构对于单个目标重访时间的影响。

重构之前,三颗在轨卫星进行协同观测时,对该目标的重访时间为 76670s。下面我们分析如何利用最小的能量消耗和机动时间来减少重访时间。当算法达到最大迭代次数时,将最后一代的外部档案个体近似为该问题的 Pareto 前沿。近似 Pareto 前沿,以及相应参与机动的卫星数量如图 4.10 所示。显然,从图 4.10 中可以找到大量的卫星机动组合来实现重构并显著减少重访时间。

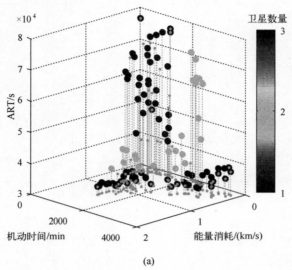

(a)

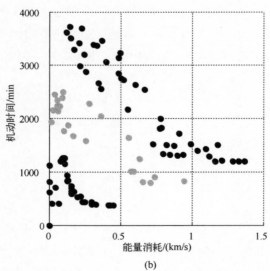

(b)

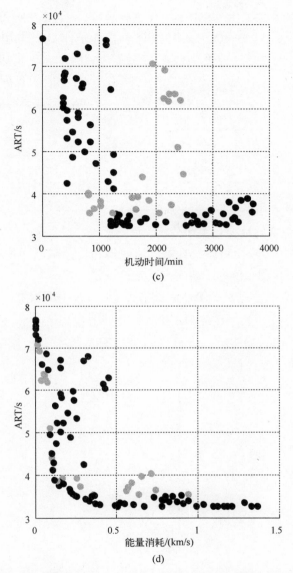

图 4.10　在轨重构算例 1：Pareto 前沿在 3D 空间（a）和 2D 空间（b，c，d）

如果根据机动卫星的数量进行分类，可以得到三个聚类，图中进行了区分。探索不同的卫星组合，可以得到下列结论：①不同聚类的边界清晰；②在每个聚类中，每颗卫星都有机会参与机动；③要使方案具有更少的重访时间往往需要机动更多的卫星，但导致消耗更多的能量和时间。

利用算法 MODE-C 和 VSMODE-R 进行求解,根据算法评价标准得到以下结果(表4.3)。显然,VSMODE 在三个评价指标上明显优于 MODE-C 和 VS-MODE-R。

表4.3 在轨重构算例 1:三种算法优化结果对比

评价指标	MODE-C	VSMODE-R	VSMODE
NNS	20	73	97
C_P	0.09	0.04	0.03
D_E	45.55	14.94	10.07

2. 基于理想解的可视化决策分析

在这个算例中,假设用户没有提供偏好解和目标函数的权重,仍然可以通过计算非支配解与理想解的距离对方案进行排序。

以 1-norm 为共享基准的 Pareto 前沿和 Pareto 最优解集的可视化显示分别如图4.11 和图4.12 所示。y 轴为 $\|\hat{f}(\theta)\|_1$,对于 Pareto 前沿,x 轴分别为能量消耗,机动时间和 ART;对于 Pareto 最优解集,x 轴分别为每颗卫星的设计变量 ν 和 K_{tgt}(注:K_{tgt} 在实际优化结果中,要取整)。

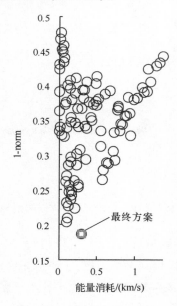

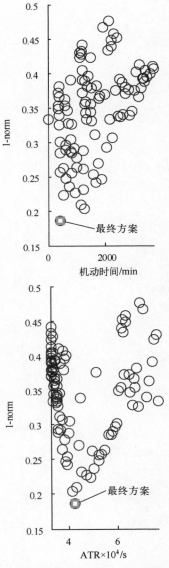

图 4.11 在轨重构算例 1：Pareto 前沿可视化显示

从图中可以看出，不同子图中同一个方案所对应的 y 轴取值相同。当 y 轴取最小值（0.19）时，图 4.12 中 x 轴取值为（92.84, 4, -180, 10, 5.48, 11），相应的表达变量为（1, 0, 0），即只需机动第一颗卫星（No.1）。因此，权衡了各目标函数而且距离理想解最近的最终方案可从图 4.11 中得出：

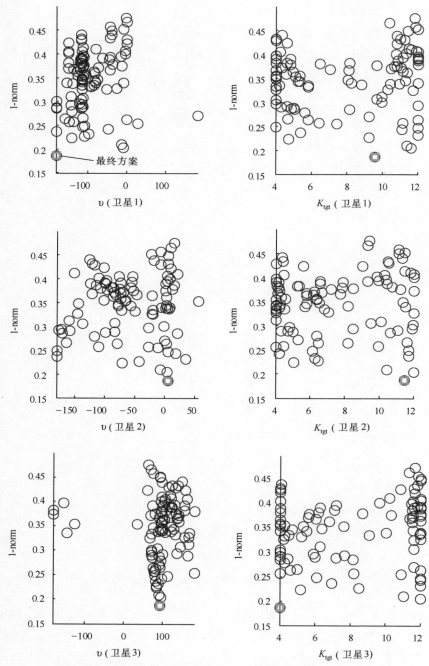

图 4. 12　在轨重构算例 1：Pareto 最优解集可视化显示

Delta V = 0.30(km/s)，Maneuver Time = 437.25(min)，ART = 42432.64(s)

从图 4.12 可以看出，Pareto 最优解集和共享基准不存在明显的规律，但个别设计变量的取值集中于局部区域，如卫星 3 的设计变量 ν，大部分集中在[90, 150]之间，因此可以从决策分析中积累一些知识，指导后续的设计。

4.5.4　提高累计覆盖时间

1. 优化结果分析

考虑重构四颗备选卫星（No.1～No.4）来提高在短周期内（2014/05/01—2014/05/07，7 天）对多个随机选择的应急目标（表 4.4）的累计覆盖时间（Total Coverage Time，TCT）。算例的目的在于验证在轨重构对多个目标累计覆盖时间的影响。

表 4.4　在轨重构算例 2：观测目标信息

目 标 编 号	纬度/(°)	经度/(°)	目 标 编 号	纬度/(°)	经度/(°)
1	39.91	116.39	6	15.55	32.53
2	52.52	13.33	7	49.27	-122.96
3	-15.79	-47.90	8	-25.73	28.22
4	-35.35	149.04	9	19.43	-99.13
5	33.72	73.06	10	-33.48	-70.65

这四颗卫星在没有进行重构的情况下，TCT 为 2416s。将算法停止迭代时的外部档案个体近似为该问题的 Pareto 前沿。近似 Pareto 前沿，以及相应参与机动的卫星数量如图 4.13 所示。

结果显示，要使 TCT 越大往往需要更多的卫星参与机动，但这导致消耗更多的能量和时间。将 Pareto 前沿按照参与机动的卫星数量进行聚类分析，可以得到下列结论：①四个聚类的边界清晰；②在聚类 1 和聚类 2 中，卫星 1 很少参与机动；③在聚类 3 中，卫星 2 总是参与机动。

利用 MODE-C 和 VSMODE-R 算法求解该问题，根据算法评价标准得到结果如表 4.5 所列。VSMODE 在三个评价指标上明显优于 MODE-C 和 VSMODE-R。

表 4.5　在轨重构算例 2：三种算法优化结果对比

	MODE-C	VSMODE-R	VSMODE
NNS	5	118	132
C_P	0.22	0.07	0.03
D_E	53.79	9.54	8.65

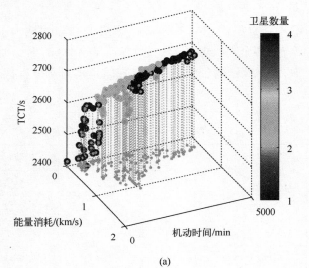

(a)

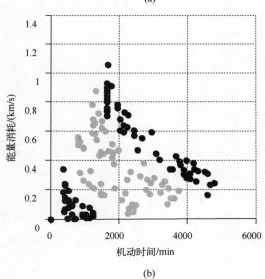

(b)

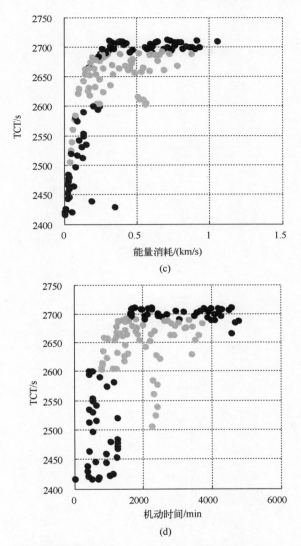

图 4.13　在轨重构算例 2:Pareto 前沿在 3D 空间(a)和 2D 空间(b,c,d)

2. 基于目标函数权重的可视化决策分析

在这个算例中,假设 DM 对目标函数设置不同的权重,分别为 0.3,0.2 和 0.5,即 DM 愿意花费更多的机动时间,来换取 TCT 的提高。以 1-w-norm 为共享准则的 Pareto 前沿可视化显示如图 4.14 所示(注:由于期望 TCT 最大化,在可视化展示时,需要将该指标取反)。

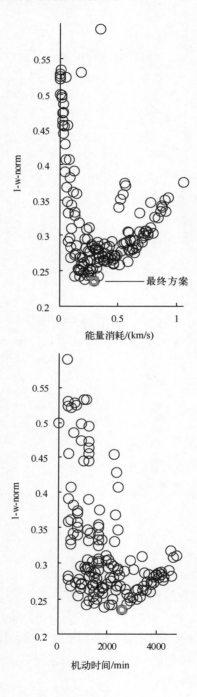

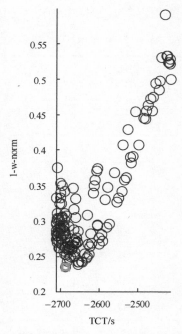

图 4.14　在轨重构算例 2：Pareto 前沿可视化显示

图 4.14 中，y 轴的最小值为 0.23，根据子图可以得到三个目标函数值为 (0.30,2608.00,2687.69)，相应的表达向量为 (1,1,1,0)，卫星机动变量的最优值为 (74.16,10,57.57,10,44.73,5,-6.76,8)，即需要机动三颗卫星 (No.1 ~ No.3)。

为了对比权重对最终方案的影响，应用同样的分析方法，在不考虑目标函数权重的情况下，y 轴的最小值为 0.22，只需要机动一颗卫星 (No.1)，即表达响应的最优值为 (1,0,0,0) 情况下，三个目标函数值分别为 (0.20,534.98,2600.07)。可见，设置目标函数权重后，权重最高的累计覆盖时间指标得到了一定提高，而权重最低的机动时间则在一定程度上得到了增加。

4.5.5　提高基于任务规划的效能评估指标

1. 优化结果分析

这个算例考虑重构 5 颗备选卫星 (No.1 ~ No.5) 来提高基于任务规划的效能统计指标 (CSTS)。随机选择的待观测应急目标的经纬度、优先级和最短持续时间如表 4.6 所列,观测的周期为(2014/05/01—2014/05/15)15 天。

表 4.6　在轨重构算例 3:观测目标信息

目标编号	纬度/(°)	经度/(°)	优先级	最短持续时间/s
1	39.91	116.39	7	90
2	37.77	118.52	3	100
3	37.07	121.95	8	90
4	33.83	119.85	10	80
5	30.84	121.12	6	90
6	28.05	120.74	10	80
7	25.38	119.02	1	100
8	23.36	116.06	2	100
9	21.95	112.39	8	90
10	19.43	-99.13	3	100
11	52.52	13.33	9	80
12	-35.35	149.04	3	100
13	15.55	32.53	8	90
14	-25.73	28.22	7	90

在没有进行在轨重构的情况下,5 颗卫星协同观测时 CSTS 指标为 359.43(无量纲)。近似的 Pareto 前沿,以及相应参与机动的卫星数量如图 4.15 所示。

结果显示,CSTS 随着机动卫星的增多而增多,但最多只有 4 颗卫星参与机动。Pareto 前沿的特点包括:①卫星 3 几乎不参与机动;②虽然有 4 个聚类,但更多的重构方案集中在机动 2 或 3 颗卫星;③该算例总共有 2^5 个机动组合方式,使得各个聚类相互重叠的概率增大。

利用 MODE-C 和 VSMODE-R 算求解该问题,根据算法评价标准得到以下结果(表 4.7)。VSMODE 在三个评价指标上明显优于 MODE-C 和 VSMODE-R。

表 4.7　在轨重构算例 3：三种算法优化结果对比

	MODE-C	VSMODE-R	VSMODE
NNS	9	104	128
C_P	0.152	0.078	0.048
D_E	62.091	34.428	26.504

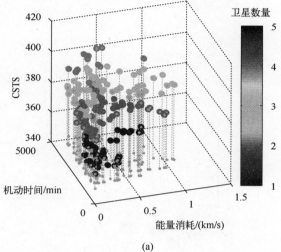

(a)

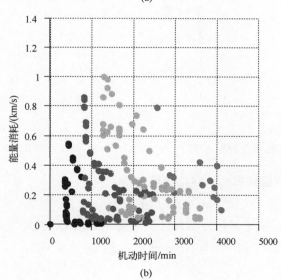

(b)

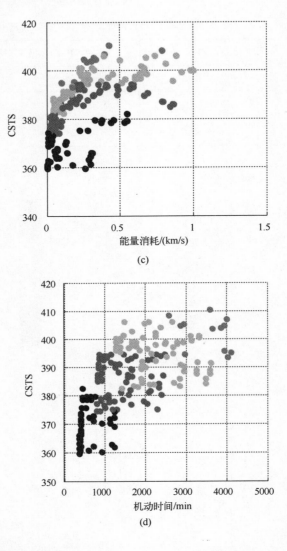

图 4.15　在轨重构算例 3：Pareto 前沿在 3D 空间(a)和 2D 空间(b,c,d)

2. 基于正负偏好解的可视化决策分析

在这个算例中，假设 DM 提供了正负偏好解，分别为(0.2,2000,420)和(0.8,4000,360)，要求最优方案离正偏好解最近，离负偏好解最远。以 1-2p-norm 为共享基准的 Pareto 前沿可视化显示如图 4.16 所示(同理,将 CSTS 取反)。

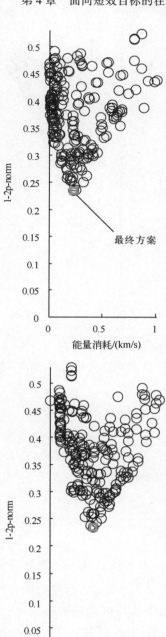

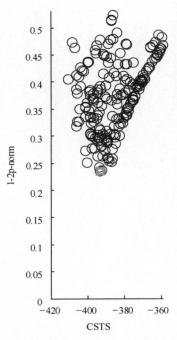

图 4.16 在轨重构算例 3：Pareto 前沿可视化显示

y 轴的最小值为 0.23，根据子图可以得到三个目标函数值为（0.23，1650.51，393.04），目标函数值靠近正偏好解，远离负偏好解，充分体现了用户的偏好。两层设计变量分别为（180，4，-9.89，4，-180，12，-12.93，4，180，12）和（0，1，0，0，1，），意味着需要机动 2 颗备选卫星（No. 2 和 No. 5）来满足用户要求。

4.5.6　算例比较分析

本章设计了三个不同特点的场景从不同角度分析了在轨重构对效能指标的影响，VSMODE 算法能够获得在效能、能量消耗和机动时间之间权衡的非支配解集。通常情况下，重构中参与机动的卫星越多，效能越好。当备选卫星数量较少时，各个聚类之间边界清晰，随着卫星数量增多，最佳效能并不需要所有卫星都参与机动，也就是说当机动卫星达到一定数量时，效能达到最大值。由于机动卫星组合方式与卫星数量成指数关系，组合方式较多时将导致各个聚类之间相互重叠。

优化结果分析证明 VSMODE 明显好于其他两种算法,主要比较结果如下:

(1) VSMODE 能够产生更多的非支配解,并提供高度收敛和分布性的近似 Pareto 前沿;

(2) VSMODE-R 在三个性能评价指标上,要优于 MODE-C;

(3) MODE-C 几乎无法求解重构中维数可变的多目标优化问题,即使不断调整阈值 κ,也难以产生分布在不同有效长度上的非支配解。

根据这些比较结果,可以总结出 VSMODE 算法有效性主要来源于下面三个方面:①双层编码方式使算法能在不同有效长度下搜索最优解,并使得有效长度朝着适应度更高的方向进化;②MSI 初始化方式使得包含不同有效长度的子种群具有同等机会参与重构优化中,确保了种群的分布性;③在迭代过程中,针对设计变量和表达向量,分别应用基于估计分布的变异算子和自适应的交叉算子,使得 VSMODE 能够有效探索不同机动组合模式下的 Pareto 最优解。

三个算例分别根据不同的用户偏好确定了共享的基准信息,然后利用多维可视化方法从大量的非支配解中选择最终方案。可见,对于在轨重构问题,本书设计的多目标决策方法能有效帮助 DM 了解各方案的优劣,进而确定最终方案。除此之外,通过分析 Pareto 前沿,可找到一些典型的组合模式,下一步,可将此作为一种偏好进行可视化展示,进而辅助决策。

通常情况下,平均能量消耗小于 2km/s 被认为是可接受的轨道机动成本。本章的优化结果显示,非支配解集的平均能量消耗远小于 2km/s,证明通过调整真近点角的方式实现在轨重构在经济上可行。

为了分析在轨重构对空间系统效能的影响,根据指标体系对比重构前后效能的区别,重构后的方案包括效能最优方案(只考虑效能,忽略其他两个目标函数)和决策方案。具体对比结果如表 4.8 所列。

表 4.8　重构前后方案对比

本章算例	备选卫星	方　案	覆盖性/s	响应性/s		基于任务规划的效能指标
			TCT	MORT	ART	CSTS
算例 1	No. 1 ~ No. 3	重构前	1821	142229	76670	—
		效能最优方案	4899	29638	32559	—
		决策方案	2994	36842	42433	—

（续）

本章算例	备选卫星	方　案	覆盖性/s	响应性/s		基于任务规划的效能指标
			TCT	MORT	ART	CSTS
算例2	No.1 ~ No.4	重构前	2416	23551	26735	—
		效能最优方案	2712	32700	31562	—
		决策方案	2688	30134	29545	—
算例3	No.1 ~ No.5	重构前	2937	15872	19169	360
		效能最优方案	3593	17217	19655	410.42
		决策方案	3567	14997	19695	393.0
注:黑体标注的数字表示在算例中应用的效能指标						

从表 4.8 可以得出以下结论：

（1）面向单个目标的在轨重构（本章算例 1），覆盖性和响应性变化趋势一致（DM 希望累计覆盖时间 TCT 最大化，平均轨道响应时间 MORT 和平均重访时间 ART 最小化），而且改善效果显著（对于效能最优的方案，ART 从 76670s 降至 32559s，即平均重访时间缩短了 12h）；

（2）在面向多个目标的在轨重构中（本章算例 2），覆盖性和响应性变化趋势相反（即提高了 TCT，但导致 ART 和 MORT 得到了相应增加），因为 TCT 只考虑了覆盖特性，没有考虑覆盖间歇情况；

（3）基于任务规划的效能指标 CSTS 由于考虑了覆盖持续时间（本章算例 3）以及任务完成率，因此其变化趋势也覆盖性一致（对于效能最优方案，CSTS 从 360 提高至 410，TCT 也从 2937s 提高至 3593s），与响应性不存在明显的规律。

综上可知，在轨重构时，指标体系中各项指标存在一定的冲突性，要根据目标分布特点和重构目的选择合适指标。总体而言，面向单个应急目标（或局部分布的目标）的在轨重构效果最显著，在多个应急目标的情况下，提高覆盖性的同时，会降低响应性（或提高响应性，则降低覆盖性）。

↘ 4.6　本 章 小 结

本章以在轨运行的卫星为研究对象,解决了如何通过在轨重构来提高对短时间内的紧急任务的响应能力。首先,构建了考虑三个目标函数的在轨重构模型,提出了对重构结构和机动变量同时优化的多目标优化方法(VSMODE)。VSMODE 利用固定长度机制实现了对设计变量和表达向量的双层编码,提出了面向问题特点的初始化、变异、交叉和选择算子。针对算法产生的大量非支配解,设计了考虑多种用户偏好的可视化决策方法。然后,通过算例分析比较不仅验证了算法的有效性,同时也验证了在轨重构在提高应急目标响应能力方面的有效性和可行性。

第 5 章
面向移动目标的多星组网模式
卫星部署优化设计

  快速发射模式和在轨重构模式都只考虑了单一载荷,构建的 ORS 服务于坐标位置固定的应急任务。依据新形势下的战备要求,ORS 不仅需要实现对固定的应急目标进行快速侦察,更强调对具有随机性的移动目标进行跟踪监视,从而更好地感知敌方态势。对移动目标,尤其是海上移动目标的监视对卫星的依赖程度更高,而且通常需要采用高轨、低轨卫星相协同,多种载荷相结合的联合观测方式,如利用电子侦察卫星对移动目标的潜在区域进行扫描,发现疑似目标后,利用低轨成像卫星进行高分辨率的确认、跟踪监视。显然,单颗卫星无法实现对移动目标的跟踪监视,利用多星组网可以提高对移动目标的观测机会,多种载荷的配合可以实现优势互补,呈现更好的观测效果。

  本章结合快速发射和在轨重构模式,提出了一种载荷类型包括可见光和 SAR 的多星组网模式。该模式具备功能再定义的功能,可以通过快速发射补网或在轨重构扩展空间组网结构。由于无法准确预知移动目标的运动规律,而且对移动目标的观测在时间分辨率和空间分辨率上都有严格的要求,这就需要从空间系统的鲁棒性出发,对载荷类型进行配置,对卫星的轨道部署进行优化,通过多颗卫星的协同观测,进而实现对移动目标的快速应急响应。本章最后设计了一个对移动目标侦察的场景,在移动目标随机变化的情况下,算法获得的多星组网方案仍可缩短对移动目标的平均轨道响应时间,并且具有较好的鲁棒性。

5.1　多星组网问题分析

因为多星组网相对单颗卫星具有更好的可靠性、抗毁性、冗余性等,使其受到越来越多的关注。传统的多星组网形式主要包括卫星星座和编队飞行,在提高覆盖性和响应性的同时也产生了高昂的费用。本章旨在讨论如何结合已有的在轨卫星,根据需要发射新的卫星进行补网,形成类似于星群的结构,从而实现单颗卫星无法达到的效能,这种组网方式在当前我国空间力量不足的情况下是一种经济合理的方案。

因此,多星组网模式实际上是在快速发射模式和在轨重构模式的基础上,整合两种模式的资源,通过配置与部署优化,从而提高星群对应急任务的响应能力。本章的应急任务主要体现为移动目标,这就要求多星组网具有很好的鲁棒性,通过多颗卫星的载荷配置与轨道部署优化,在未知移动目标运动状态下仍然具有较强的可靠性。

5.1.1　问题特点

面向移动目标的多星组网协同观测的特点包括以下几个方面。

1. 观测目标出现的随机性

多星组网观测的目标位置可能不固定,如海上移动目标,或临时出现的热点地区等,用户要么根据先验知识预测其运动轨迹,要么将移动目标看做一种随机目标。

2. 配置与部署方案的鲁棒性

将鲁棒性理解为:多星组网是面向具体任务进行方案设计,其方案的最优性体现在对既定任务的完成能力上,当移动目标的位置发生了变化,如果方案仍然具有较好的效能,则认为方案具有较好的鲁棒性。显然,面向移动目标的多星组网,在卫星配置与轨道部署优化时,需要充分考虑方案的鲁棒性。

3. 观测目标分布区域性

虽然考虑了目标位置的随机性,但在快速响应中,现阶段还无法部署大量快速响应卫星实现对全球分布的随机目标进行观测,因此需要根据一些先验知识将目标的运动范围限定在一定区域内。

4. 观测资源的混合性

混合性一方面体现在不同载荷的配合,如可充分利用电子侦察卫星发现移动目标,利用可见光和 SAR 确认目标;另一方面,混合性体现在卫星运行的轨道上,多颗卫星可分别运行在太阳同步轨道、快速回归轨道等不同轨道类型上,呈现出一种松散的星群结构。

5. 观测的间断性

在轨运行的卫星必须遵循轨道动力学的限制,导致了在观测时存在间断性,对光学载荷而言,其成像还受到光照条件影响,虽然 SAR 可全天候、全天时对目标成像,但要实现对某个应急目标的连续覆盖则需要较多的卫星参与组网。对于移动应急目标,只要重访时间或响应时间满足一定要求,则可认为多星组网方案具有可行性。

6. 独立运行、协同工作

参与组网的多颗卫星独立运行,多颗卫星之间无动力学联系,不需要保持相位差或一定构型,根据应急任务需求进行协同观测。多星组网模式构建的星群具有功能重定义能力,卫星可以按需加入或退出。

5.1.2 基本假设

通常情况下,多星组网以应对具有一定不确定性的突发事件、自然灾害、异常情况为出发点,围绕对移动目标的跟踪监视为服务核心,在重构的基础上,结合快速发射模式实现不同载荷、多颗卫星的协同观测。下面讨论多星组网在观测移动目标时的任务需求以及为简化设计过程而给出的一些假设条件。

(1)对移动目标的跟踪监视,通常需要协同电子侦察卫星和成像卫星,配置多类载荷进行协同观测。本书不讨论电子侦察卫星的轨道部署问题,假设对移动目标的位置变化无任何先验知识,但能够获知移动目标一个潜在的运动区域。

(2)为了快速发射低轨卫星,文献[78]提出了两种方法:一是直接将卫星发射到目标轨道上;二是提前将快速响应卫星发射到潜伏轨道,小卫星处于待命状态,紧急情况下根据需要快速机动到目标轨道上,这样能避免发射窗口带来的限制。本书的快速发射模式采取第二种方式,并将发射成本定义为从潜伏轨道转移到目标轨道过程中的能量消耗。

(3)对于快速发射的卫星,假设都搭载 SAR 载荷,确保能够全天候成像,从而更大程度减少响应时间。

(4)多星组网时,在 K_{tgt}(或 K_{int})取合适值的情况下,可以确保重构时间消耗不是提高多星组网响应时间的瓶颈,因此本章重点关注重构成本和发射成本。

(5)假设移动目标的运动速度较慢,在一定区间内,认为其位置固定不变,每隔一定时间间隔,对移动目标的位置进行更新。

5.1.3 面向决策偏好的卫星部署优化框架

多星组网卫星部署除了包括快速发射和在轨重构的特点外,还包括:①由于移动目标的运动存在不确定性,因此在进行效能评估时,需要考虑方案的鲁棒性;②多星组网的效能与快速发射的卫星数成正比,但发射过程的成本模型又限制了发射的卫星数量;③由于多星组网效能评估相对耗时,优化算法无需求解完整的 Pareto 前沿,只需获得用户感兴趣的局部 Pareto 前沿。基于上述特点,本书采用如图 5.1 所示的优化框架。

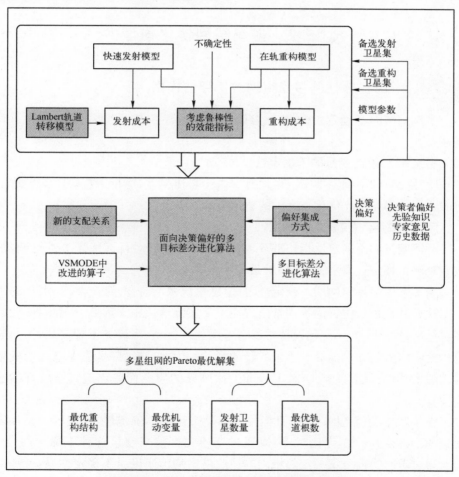

图 5.1　面向决策偏好的卫星部署优化框架

该框架根据用户提供的备选在轨卫星集、快速发射的卫星集和模型参数,首先将快速发射描述为 Lambert 轨道转移问题,转移过程的能量消耗即为发射过程的成本;然后以平均轨道响应时间为评价指标,构建考虑了方案鲁棒性的多阶段效能评估模型,结合 4.2 节所描述的在轨重构成本函数,由此建立多星组网的效能-发射成本-重构成本的多目标优化模型。由于算法希望获得满足偏好的局部 Pareto 前沿,因此本书设计了一种偏好集成方式和一种新的占优关系,提出了面向决策偏好的多目标差分进化算法 IR-VSMODE(Variable-size Multi-objective Differential Evolution based on Improved R-dominance),算法能够提供在不同发射卫星数量下的在轨重构方案。

5.2　多星组网优化模型

5.2.1　考虑鲁棒性的多星组网效能评估模型

多星组网的不确定性可以分为设计变量的不确定性和环境变量的不确定性。

定义 5.1:设计变量的不确定性

设计变量的不确定性指卫星运行中由于操作误差、运行干扰等因素导致卫星的运行状态与预先优化方案中的轨道根数不一致。

定义 5.2:环境变量的不确定性

环境变量的不确定性指外部环境参数的改变(如对目标优先级进行调整,或者观测目标位置发生了变化)对系统效能带来的影响。

当不考虑多星组网的不确定性时,卫星系统效能是固定的,然而,潜在的不确定性尤其是目标位置的扰动常出现在卫星实际应用中。因此,在面向任务的多星组网过程中,如果优化设计时没有考虑各种扰动,当任务出现变动时,会导致快速响应空间的效能受到不可逆转的影响。为此,必须降低方案效能对变量扰动的敏感性,从而使得 ORS 卫星即使面临新的应急任务仍然具有较好的适应性。

在本章中,我们主要考虑目标位置移动带来的不确定性,这属于一种环境变量的不确定性。在优化时,可以通过期望和方差来度量这种不确定性[79]。前者通过求解当前方案一定邻域内的适应度平均值来度量不确定性,后者定义一个新的目标函数来衡量当前方案一定邻域内适应度的方差。由于需要对多颗卫星进行效能评估,大量抽取样本点来评估方案邻域内的鲁棒性使得时间成本过高,因此本书将移动目标的观测问题描述为对潜在区域的随机目标观测问题[80],即将移动目标的位置变化范围限制在潜在区域内。如果卫星能较好观测到潜在区域内目标,则可以认为卫星对移动目标具有较好的观测效果。

显然,潜在目标区域的确定与 ORS 的观测收益密切相关,这里根据不同类型的先验知识定义了三种类型的潜在区域目标。

(1) 当其他卫星(如电子侦察卫星)提供了移动目标在 T_0 时刻的坐标(x_s^0, y_s^0),以及平均航速 v_a,因此在一定周期 T_{scene} 内,可以得到以(x_s^0, y_s^0)为圆心,$v_a \times T_{scene}$ 为半径的潜在圆形区域。

(2) 当已知移动目标的坐标(x_s^0, y_s^0),以及运动的最小(v_a^{min})、最大(v_a^{max})速度和航行方向[∂_{min}, ∂_{max}],则可将移动目标的潜在运动区域定义为扇形。

(3) 根据积累的目标运动规律或应急需求,可以自定义多边形的潜在区域。相比圆形和扇形区域,自定义多边形区域最大程度上缩小了移动目标可能运动的范围,有利于提高对区域的潜在目标的响应能力。

本书采用自定义的多边形潜在区域,将移动目标的位置变化限定在区域内。

定义 5.3:针对多边形区域的多阶段效能评估

将仿真周期 T_{scene} 划分为 n 个阶段$\{T_i, i = 1, \cdots, n\}$,假设每个阶段内移动目标位置固定,不同阶段目标位置发生随机变化。分别针对每个阶段对 ORS 效能进行评估,各阶段的效能均值为整个仿真周期的效能。

基于以上分析和定义,将针对海上移动目标的多阶段评估过程描述为如图 5.2 所示。潜在区域内存在若干移动目标,将仿真周期分为 n 个阶段。为了克服随机性可能带来的极端情况,将潜在区域的顶点(或用户定义的特征点)作为固定目标,以确保卫星对整个潜在区域具有较好的响应特性。如果每个阶段的效能指标为 P_i,则整个仿真周期内的效能指标为

$$P = \sum_{i=1}^{n} \frac{P_i}{n} \tag{5.1}$$

因此,多阶段效能评估实际是以"渐进式"分阶段评估多星组网对区域内的移动目标和固定目标响应能力,方案的鲁棒性依赖阶段划分的粒度,如果阶段划分越多,方案鲁棒性越好,但会导致时间成本过高。

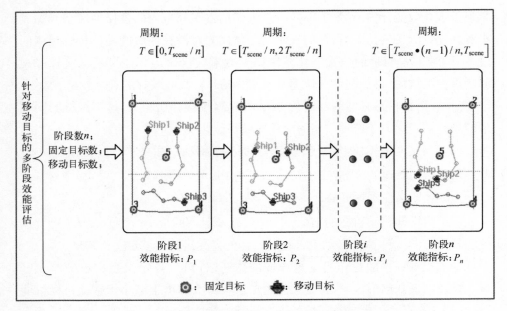

图 5.2　多阶段的多星组网效能评估

5.2.2　基于 Lambert 的轨道转移模型

在多星组网过程中,涉及两类轨道机动模型:一是在轨卫星的重构模型,4.2 节描述了其机动方式及机动过程中目标函数(机动时间和能量消耗)的计算;二是快速发射模式下的轨道机动模型,卫星按照需求在一定时间内从潜伏轨道转移到执行任务的目标轨道,这个机动过程可以描述为 Lambert 轨道转移问题。

Lambert 问题指:给定卫星在初始轨道的位置 r_1 和速度 v_{10}、在目标轨道的位置 r_2 和速度 v_{20},以及从初始轨道位置转移到目标轨道位置所需时间 ΔT,就可以确定卫星在初始位置和结束位置的两个速度增量,如图 5.3 所示[81]。

本书采用普适变量法(Universal Variables)[82]描述求解过程,以普适变量 z 为变量的 Lambert 变轨方程为

$$\begin{cases} \boldsymbol{v}_1 = \dfrac{(\boldsymbol{r}_2 - F\boldsymbol{r}_1)}{G} \\[2mm] \boldsymbol{v}_2 = \dfrac{(\dot{G}\boldsymbol{r}_2 - \boldsymbol{r}_1)}{G} \end{cases} \tag{5.2}$$

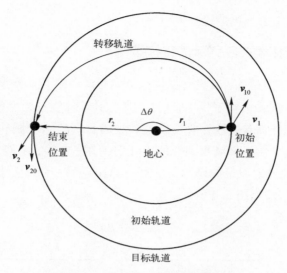

图 5.3 Lambert 轨道转移示意图

式中：$F, G, \dot{G}$ 为变量 z 的函数，详见文献[82]。如果已知从初始轨道位置转移到目标轨道位置所需时间 ΔT，则 z 与 ΔT 的关系为

$$\Delta T = \frac{(x(z)^3 S(z) + A\sqrt{y(z)})}{\sqrt{\mu}} \qquad (5.3)$$

式中：μ 为地球引力常数；$x(z), S(z), y(z)$ 的定义参考文献[82]；A 与 (r_1, r_2) 的关系为

$$A = \frac{\sqrt{r_1 r_2}\sin\Delta\theta}{\sqrt{1 - \cos\Delta\theta}} \qquad (5.4)$$

式中：$\Delta\theta$ 为向量 r_1 和 r_2 的夹角。在求解 Lambert 问题时，首先选取 z 的初始值，然后通过迭代可以逐步求得 v_1 和 v_2。如果已知卫星在初始轨道和目标轨道的六个轨道根数，可以推算出初始点的位置 r_1 和速度 v_{10} 以及在目标轨道的位置 r_2 和速度 v_{20}。因此，轨道转移的两次速度增量为

$$\begin{cases} \Delta v_1 = v_1 - v_{10} \\ \Delta v_2 = v_2 - v_{20} \end{cases} \qquad (5.5)$$

整个转移过程的能量消耗为

$$\Delta V_{lan} = |\Delta v_1| + |\Delta v_2| \qquad (5.6)$$

在用普适法求解 Lambert 问题时，还有多种特殊情况需要考虑以避免产生

歧义,限于篇幅,本书不再赘述。

5.2.3 多星组网的多目标优化模型

对于在轨重构的卫星,其设计变量包括参与机动的卫星数 N_{recon} 以及机动卫星的真近点角改变量 ν;对于快速发射的卫星,其设计变量为发射的卫星数 N_{lan} 和每颗卫星的六个轨道根数。假设轨道转移时目标轨道为圆轨道且高度小于 500km,根据算法 2.1 可知满足条件的 R 十分有限,结合卫星使用约束,可以确定唯一的 R,因此发射卫星的设计变量为 (i,Ω,ν)。综上所述,多星组网的染色体编码包括两部分,如图 5.4 所示。

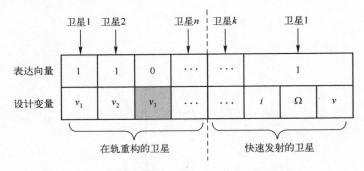

图 5.4 多星组网优化算法的染色体结构

在多星组网过程中,重点考虑效能、发射成本和重构成本。对于潜在区域内的移动目标,效能指标主要是观测的重访时间或平均轨道响应时间。由于采取多阶段效能评估的方式,重访时间的计算过程可能会存在一定误差(原因分析见表 2.3),因此本章的效能指标采用平均轨道响应时间(MORT)。

多星组网的准备时间依赖在轨重构时间 MT_{recon} 和 Lambert 转移时间 T_{lam},假定两者时间相同,通过时间成本将快速发射和在轨重构联系起来,则得到了多星组网的多目标优化模型:

$$\text{Maximize:} \quad \text{MORT}(\nu_{recon}, i_{lan}, \Omega_{lan}, \nu_{lan})$$

$$\text{Minimize:} \quad \{\Delta V_{recon}(\nu_{recon}), \Delta V_{lan}(i_{lan}, \Omega_{lan}, \nu_{lan})\} \qquad (5.7)$$

$$\text{s. t.:} \quad MT_{recon} = T_{lam}$$

式中:MORT 为多星组网的平均轨道响应时间;ν_{recon} 为重构中机动卫星的决策变量(真近点角);i_{lan},Ω_{lan} 和 ν_{lan} 为快速发射卫星的决策变量(分别为卫星在目标轨道的倾角、升交点赤经和真近点角);ΔV_{recon} 为重构成本;ΔV_{lan} 为卫星 Lambert

轨道转移的成本。

5.3　集成决策偏好的多目标优化算法

第 4 章提出的 VSMODE 在一次求解过程中能找到分布于不同重构结构下均匀的近似 Pareto 前沿,但多星组网效能评估相对耗时,尤其随着阶段数的增加,导致直接应用 VSMODE 求解具有一定密度且分布均匀的 Pareto 前沿会带来很大的时间开销,而且在现实应用中,DM 仅对前沿的部分子集感兴趣,从中选择一个或少数几个方案。因此本章将优化算法和决策理论相结合,通过集成 DM 偏好信息,无须搜索完整的 Pareto 前沿,而是引导算法在特定区域进行搜索,忽略其他不相关的非支配解,使得求解过程效率更高。

交互式决策要求 DM 实时参与到优化过程中,但多星组网的部署优化持续时间较长,使得交互式决策给 DM 带来很大的负担,因此本书采用先验式决策方法。传统的先验式多目标决策方法需要 DM 不断提供参考方向[83]或者参考点[84],而且通常只能提供满足偏好的一个方案,然而更多时候,DM 希望获得满足偏好的一个特定区域。相对传统的决策而言,本书方法利用一次性给出的一些决策偏好,获得满足偏好的局部 Pareto 前沿,有利于 DM 进行快速、高效决策。

5.3.1　偏好集成方式

多星组网模式利用的偏好信息包括:①用户指定的参考点信息;②目标函数的权重信息。本章中,以正、负理想解或正、负偏好解表示参考点,将目标函数的权重信息集成在个体与参考点的距离函数中。

正、负偏好解定义为 S^+ 和 S^-,利用欧氏距离定义任一个体与正、负偏好解的距离,分别表示为(d^+ 和 d^-)。同时,在计算距离函数时,通过引入目标函数的权重来表示目标函数的优先次序。

$$d_i^+ = \sqrt{\omega_i \sum_{i=1}^{m} (S_i - S_i^+)}$$

$$d_i^- = \sqrt{\omega_i \sum_{i=1}^{m} (S_i - S_i^-)}$$

（5.8）

其中 $\omega_i \in [0,1]$,$\sum_{i=1}^{m} \omega_i = 1$,$m$ 为目标函数的个数。为了将方案 S 与正、负

偏好解的距离抽象为指导算法搜索的一种偏好,定义贴近度为

$$C_i(S_i,S^+,S^-)=\frac{d_i^-}{d_i^++d_i^-}\tag{5.9}$$

C_i集成了目标函数权重偏好和正、负偏好解信息,当方案离正理想解越近(相应维度目标函数权重越大),离负理想解越远时,贴近度越大。在计算贴近度时,需要将每个个体的目标函数值进行归一化处理。

5.3.2 改进的 R 占优支配关系

根据集成了偏好的贴近度函数,本书在文献[85]的基础上,提出了改进的R 占优(简称 IR 占优)。

定义 5.4:IR 占优

在种群 P 上,已知正、负偏好解 S^+ 和 S^-,以及目标权重向量 ω_i,当下列条件之一成立时,认为当前种群中的个体 xIR 占优 y,记为 $x\prec_{IR}y$。

(1) 根据定义 2.4,x 占优 y,即 $x\prec y$;

(2) 如果 x 和 y 在定义 2.4 下等价,但是 $\text{Dist}(x,y,S^+,S^-)>\delta$,其中

$$\text{Dist}(x,y,S^+,S^-)=\frac{C(x,S^+,S^-)-C(y,S^+,S^-)}{C_{max}-C_{min}}$$
$$C_{max}=\max_{z\in P}\{C(z,S^+,S^-)\}\tag{5.10}$$
$$C_{min}=\min_{z\in P}\{C(z,S^+,S^-)\}$$

式(5.10)指当 x 相对 y 具有更大的贴近度时,$x\prec_{IR}y$;其中 $\delta\in[0,1]$。IR 占优具有以下性质。

性质 1:IR 占优在种群 P 上具有非自反性。

证明:$\forall x\in P$,则 $x\nprec_{IR}x$。

$$\text{Dist}(x,x,S^+,S^-)=\frac{C(x,S^+,S^-)-C(x,S^+,S^-)}{C_{max}-C_{min}}=0$$

不满足 $\text{Dist}(x,x,S^+,S^-)>\delta$,因此 IR 占优是非自反的。

性质 2:IR 占优在种群上具有非对称性。

证明:$\forall x,y\in P$,如果 $x\prec_{IR}y$,则 $y\nprec_{IR}x$。

$$\text{Dist}(x,y,S^+,S^-)=\frac{C(x,S^+,S^-)-C(x,S^+,S^-)}{C_{max}-C_{min}}=-\text{Dist}(y,x,S^+,S^-)$$

$\text{Dist}(x,y,S^+,S^-)>\delta\Rightarrow\text{Dist}(y,x,S^+,S^-)<-\delta$,因此 IR 占优是非对称的。

性质 3:IR 占优在种群 P 上具有传递性。

证明:$\forall x,y,z \in P$,如果 $x <_{IR} y, y <_{IR} z$,则 $x <_{IR} z$。

(1) 如果 $x < y, y < z$,则 $x < z$;

(2) $\mathrm{Dist}(x,z,S^+,S^-) = \mathrm{Dist}(x,y,S^+,S^-) + \mathrm{Dist}(y,z,S^+,S^-)$,如果 $\mathrm{Dist}(x,y,S^+,S^-) > \delta$,而且 $\mathrm{Dist}(y,z,S^+,S^-) > \delta$,则 $\mathrm{Dist}(x,z,S^+,S^-) > \delta$,因此 IR 占优具有传递性。

性质 4:IR 占优在种群 P 上定义了一种严格的偏序关系。

证明:由于 IR 占优在种群 P 上具有非对称性、非自反性、传递性,因此 IR 占优定义了一种严格的偏序关系。

5.3.3 基于 IR 占优的外部档案管理策略

算法 NSGA-Ⅱ中的选择机制是对当前种群个体进行非支配排序,并存储在前沿矩阵中,然后将这些个体从当前种群中删除,重新选择剩下个体中的非支配解,并存储在前沿矩阵的下一层,这个过程持续进行直到所有个体都存储在前沿矩阵中。借鉴 NSGA-Ⅱ中提出的分层排序方法,本书采用基于 IR 占优的非支配排序,根据 IR 占优获得的最优解集表示为 X_{best},并引入外部档案(Arch)保存当前最优解,通过 IR 占优保证了解的均匀分布性和个体多样性。外部档案管理策略的具体方法如图 5.5 所示。

For X_{best} 中的每一个 x_i **do**

  If x_i 被 Arch 中的某个个体 IR 占优支配

    舍弃 x_i

  ElseIf x_i IR 占优支配 Arch 中的某个个体(记为 u_i)

    从 Arch 中删除 u_i,然后 Arch = Arch $\cup x_i$

  ElseIf x_i 和 Arch 中的个体互不存在支配关系

    则 Arch = Arch $\cup x_i$

  EndIf

EndFor

图 5.5 基于 IR 占优的外部档案管理策略

本书提出的 IR 占优排序实际上是利用 DM 偏好(正、负偏好解和目标函数权重)来对种群中的个体以及外部档案进行管理,IR 占优排序首先承认 Pareto

意义上的支配关系,因此使得排序结果很大程度上保留 Pareto 意义推导出的前沿顺序。

5.3.4 IR-VSMODE 算法步骤

本书利用 IR 占优关系改进第 4 章提出的 VSMODE 算法,提出了 IR-VS-MODE 算法,具体步骤如下:

步骤 1:初始化。获取各 DM 提供的偏好信息和目标函数权重。对参数进行初始化,包括种群规模,外部档案规模,交叉、变异概率,控制参数等。

步骤 2:个体编码。对在轨重构的卫星数和快速发射的卫星数采用图 5.4 中的双层编码策略,应用试验设计方法(3.3.1 节)和 MSI(4.3.2 节)分别对设计变量和表达向量进行编码。

步骤 3:变异和交叉操作。分别应用自适应的变异(4.3.3 节)和交叉(4.3.4 节)算子生成下一代个体。

步骤 4:选择操作。基于 IR 占优构造非支配解集,并将当前最优个体存储在外部档案中。当外部档案达到规模限制时,通过 IR 占优删除多余个体,确保外部档案规模保持不变。

步骤 5:判断。当不满足迭代终止条件时,重复步骤 3、步骤 4,否则,输出外部档案个体,作为满足决策偏好的最优解集。

5.4 算 例 分 析

5.4.1 算例描述

假设五个大型舰艇以一定速度在某潜在海域游弋,潜在航行区域以(N34.1°/E121.6°)、(N22.6°/E121.6°)、(N22.6°/E129.1°)和(N34.1°/E129.1°)为顶点的多边形表示,如图 5.6 所示。

该海域被定义为应急观测区域,将图 5.6 中所示的 7 个坐标点(分别为 4 个顶点和 3 个特征点:矩形长轴的 2 个中点和 1 个区域中心)作为固定目标。由于对舰艇的航行速度和方向无准确的先验知识,无法提前判断其运动轨迹,则通过每隔 6h 在该区域内随机生成 5 个点来表示舰艇的当前位置。为了保证观测的时效性和成像质量,要求新发射的卫星具有 1 天的重访周期,并且轨道高度低于 500km。根据算法 2.1,可以确定新发射的卫星采用 15 圈次/天的回

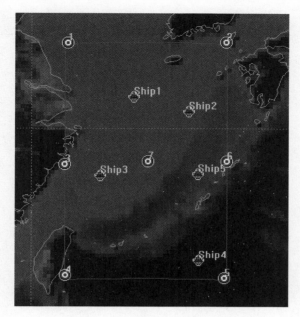

图 5.6　移动目标潜在运动区域

归轨道。假设在轨的 3 颗备选卫星都是光学卫星,而且回归周期也为 1 天,具体参数如表 5.1 所列。

表 5.1　多星组网模式在轨备选卫星轨道根数

编号	a/km	i/(°)	e	Ω/(°)	ω/(°)	ν/(°)
1	6939	97.64	0.00	218.41	0	30.00
2	6866.4	40.00	0.00	18.41	0	90.00
3	6883	60.00	0.00	218.41	0	180.00

综上所述,每颗重构中参与机动的卫星和每颗发射卫星的独立设计变量范围如表 5.2 所列。

表 5.2　多星组网设计变量范围

	变量名	下　界	上　界
在轨重构卫星设计变量	ν	−180°	180°

（续）

	变量名	下　界	上　界
快速发射卫星设计变量	i	35	45
	Ω	0	360
	ν	0	360

潜伏轨道的选择主要考虑在轨资源的利用率、费效比以及执行机动时能量可达。假设本书中三颗位于潜伏轨道的快速响应卫星参数如表 5.3 所列。

表 5.3　潜伏轨道快速响应卫星参数

编　号	a/km	$i/(°)$	e	$\Omega/(°)$	$\omega/(°)$	$\nu/(°)$
1	6578	30	0.00	90	0	90
2	6578	30	0.00	0	0	0
3	6578	30	0.00	180	0	180

下面分析两种情况下的多星组网：已知发射卫星数量的多星组网和不确定发射卫星数量的多星组网。

5.4.2　已知发射数量的多星组网

根据应急卫星存储情况，允许从潜伏轨道转移一颗快速响应 SAR 卫星（表 5.3 中 No. 1）到执行任务的目标轨道，假设 SAR 卫星采用双侧方式成像，视场角范围为 20°~59°。参与在轨重构的三颗备选卫星见表 5.1 所示。重构时，令 $K_{int} = K_{tgt} = 8$，在这种情况下，只需对在轨重构卫星实行双层编码。应用 VSMODE 算法求得算例"完整"的 Pareto 前沿如图 5.7 所示。

三颗在轨卫星在未重构的情况下，MORT 为 59266s。从图 5.7 中可以看出，在重构的基础上，快速发射一颗 SAR 卫星构成的多星系统对潜在区域内的固定目标和随机目标的 MORT 大幅度减少，这在移动目标的跟踪监视中具有重要意义。分析该问题"完整 Pareto"前沿的分布发现三个特点：①权衡了快速发射能量消耗和重构机动能量消耗的方案，能够保证两者消耗较少的能量就能使平均轨道响应时间大幅降低；②单方面增加快速发射过程中的能量消耗（该过

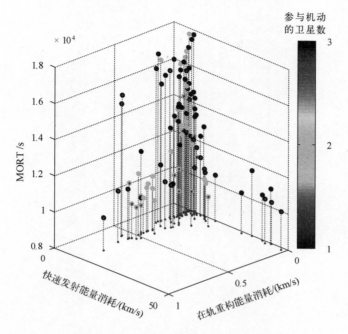

图 5.7　发射 1 颗卫星:完整 Pareto 前沿

程实质是微调在轨卫星结构,在此基础上,寻找多星组网中新增卫星的最佳位置),可使多星组网的 MORT 得到降低;③单方面增加在轨重构过程中的能量消耗(该过程实质是大幅调整在轨卫星结构,使得快速发射的卫星消耗较少的能量就能找到多星组网中新增卫星的最佳位置),可使多星组网的 MORT 得到降低。

　　为了增加鲁棒性,将仿真周期 T_{Scene} 划分为多个阶段,这使得多星组网的效能评估相对耗时,因此采用本章提出的 IR‐VSMODE 求解满足决策偏好的局部 Pareto 前沿。算例的参数设置如下:种群规模为 100,外部档案规模为 20,最大迭代次数为 200,初始缩放因子为 0.5,初始交叉概率为 0.9,迭代过程中采用 4.3 节提出的各种改进算子。DM 提供了 1 对正、负偏好解分别为(0.1,10, 12000)和(0.4,20,16000),当设置三个目标函数权重相同时,根据正、负偏好解得到的部分非支配解如图 5.8 (a) 所示。当对目标函数设置不同的权重信息时,如目标函数权重分别设置为(0.2,0.1,0.7)时,则获得满足偏好的非支配解如图 5.8 (b) 所示。

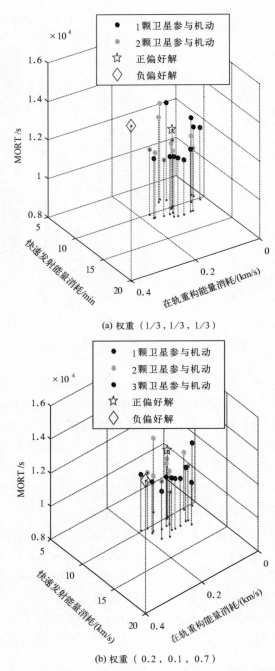

(a) 权重（1/3，1/3，1/3）

(b) 权重（0.2，0.1，0.7）

图 5.8　发射 1 颗卫星:IR-VSMODE 算法获得的局部 Pareto 前沿

对比图 5.8（a）和图 5.8（b）可以看出,目标函数权重的偏好信息影响局部非支配解在完整 Pareto 前沿上的位置,当某个目标函数具有较高的权重时,非支配解将更偏向于该目标函数。因此,集成了目标函数权值和正、负偏好解的偏好模型能准确获得反映 DM 偏好的特定区域,而且由于算法集中搜索特定区域,因此只需更少的迭代次数就能收敛到该区域真实的 Pareto 前沿。

为了评价方案的鲁棒性,采用蒙特卡罗抽样方法,在该潜在区域生成 20 个仿真方案,每个方案包括 7 个固定目标和 5 个随机目标(每 6h 随机变化坐标),利用迭代结束时外部档案中的 20 个非支配解,分别对 20 个仿真方案进行效能评估,效能变化的箱线图如图 5.9 所示。

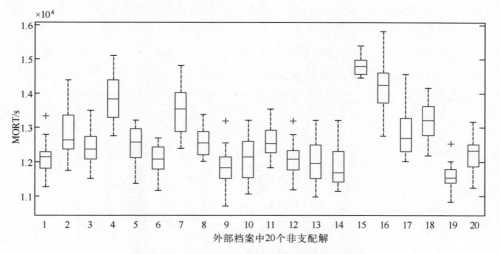

图 5.9　发射 1 颗卫星:最优解的鲁棒性分析

箱线图是利用样本中最小值、第一四分位数、中位数、第三四分位数和最大值来统计样本数据的分布性、对称性等信息,它能够直观地识别数据中的异常值。在箱线图中,异常值被定义为小于 $Q1-1.5IQR$ 或大于 $Q3+1.5IQR$ 的值,其中 Q1 和 Q3 分别为上、下四分位数,IQR 为四分位距。矩形的两端分别定义为上、下四分位数,位于矩形内部的一条线表示中位数,矩形上、下各两条线表示异常值截断线。

从图 5.9 可知,外部档案中的 20 个非支配解除方案 1,9,12,19 有个别异常值位于箱线图的截断线外,剩余 16 个非支配解在蒙特卡罗抽样中,都能保证 20

次仿真结果位于矩形内部,具有较好的鲁棒性。该图证明不管移动目标在潜在区域内如何运动,最终方案都能保证对移动目标具有较短的平均轨道响应时间。

5.4.3 未知发射数量的多星组网

该算例将快速发射卫星的数量作为一个优化变量,假设允许从潜伏轨道转移的卫星数量最多为 3 颗(表 5.3 中 No.1~No.3),因此需要对快速发射卫星和在轨重构卫星分别采用双层编码方式。算法参数设置与算例 1 一致,该问题的完整 Pareto 前沿如图 5.10 所示。图 5.10(a)标记了 Pareto 前沿中快速发射的卫星数量,明显地,三个聚类边界清晰,意味着 MORT 随着发射卫星数量的增加而减少。图 5.10(b)用颜色标记了重构中参与机动的卫星数量,可以看出大多数方案只需要机动一颗卫星。

DM 提供了 1 对正、负偏好解分别为(0.3,25,3600)和(0.6,50,8000),下面采用 IR-VSMODE 算法求解满足用户偏好的局部 Pareto 前沿。当设置三个目标函数权重相同时,根据正、负偏好解得到的部分非支配解如图 5.11 所示。

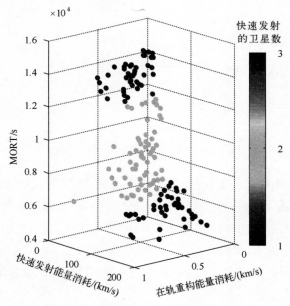

(a) Pareto 前沿中快速发射的卫星数量

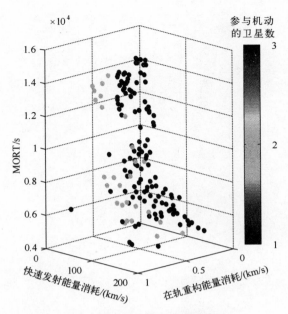

(b) Pareto 前沿中参与机动的卫星数量

图 5.10　未知发射数量：完整 Pareto 前沿

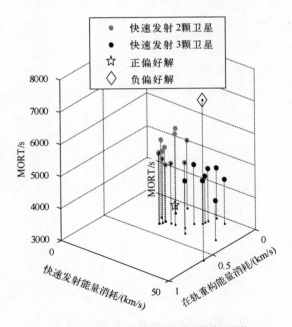

(a) Pareto 前沿中快速发射的卫星数

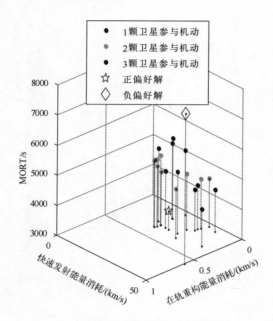

(b) Pareto 前沿中参与机动的卫星数

图 5.11　未知发射数量:IR-VSMODE 算法获得的局部 Pareto 前沿

与上一个算例一样,为了评价方案的鲁棒性,采用蒙特卡罗抽样方法,在该潜在区域生成 20 个仿真方案,每个方案包括 7 个固定目标和 5 个随机目标(每6h 随机变化坐标)。利用迭代结束时外部档案中的 20 个非支配解,分别对 20个仿真方案进行效能评估,效能变化如图 5.12 所示。

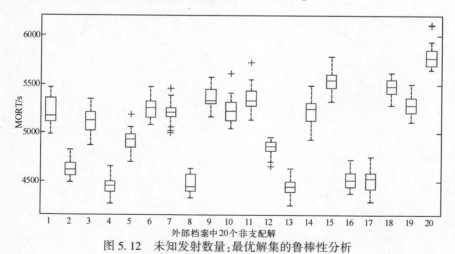

图 5.12　未知发射数量:最优解集的鲁棒性分析

外部档案中的 20 个非支配,除解 5,10,11,12 和 20 有一个异常值,以及解 7 有三个异常值位于箱线图的截断线外,剩余 14 个解在蒙特卡罗抽样中,都能保证 20 次仿真结果位于矩形内部,因此可以认为优化结果具有较好的鲁棒性。

5.4.4　算例分析比较

本章设计了两个不同的多星组网算例来验证优化框架对移动目标观测的有效性。在已知发射数量的多星组网方式中,能够找到快速发射和在轨重构能量消耗都较少的方案使 MORT 大幅减少。在未知发射数量的多星组网中,快速发射卫星数量的增加能明显减少 MORT。利用 IR-VSMODE 算法,能够在较少迭代次数下,获得满足决策偏好的局部 Pareto 前沿。经过蒙特卡罗抽样,验证了算法获得的非支配解在观测潜在区域内移动目标时具有较好的鲁棒性。如果需要获得更好的鲁棒性,可将仿真周期划分为更多个阶段进行效能评估。

本章将快速发射问题描述为一个 Lambert 轨道转移问题,Lambert 问题中转移时间和能量消耗本身是一个优化问题[86],本书限定了转移时间等于在轨重构时间,在此基础上来确定 Lambert 转移的能量消耗。实际中,Lambert 问题的转移时间和能量消耗并不是线性关系,更少的转移时间或不同的转移圈次可能使得能量消耗更少,因此需要应用优化算法来获得转移过程中的最小能量消耗,本书未做这方面探讨。下一步,一方面可考虑 Lambert 转移中存在的优化问题,减少快速发射的能量消耗;另一方面,可结合移动目标的轨迹预测模型,有针对性地对方案进行鲁棒性评估。

为了分析多星组网的优势,对不同组网方式和未组网情况下的 MORT 进行比较。为了便于比较,这里每种组网方式下只考虑了最大化效能,忽略了成本因素。具体对比结果如表 5.4 所列。显然,采用多星组网后,使得潜在区域内目标的 MORT 得到了显著降低。

表 5.4　多星组网模式对 MORT 的影响

算例	多星组网方式	重构中的机动卫星配置 (光学载荷)	快速发射卫星配置 (SAR 载荷)	MORT/s
	未组网时	—	—	59266
算例 1	重构+发射一颗	No. 2 和 No. 3	No. 1	9615

（续）

算例	多星组网方式	重构中的机动卫星配置 （光学载荷）	快速发射卫星配置 （SAR 载荷）	MORT/s
算例 2	重构+发射一颗	No. 3	No. 2	11478
	重构+发射二颗	No. 2	No. 1 和 No. 2	6310
	重构+发射三颗	No. 1,No. 2 和 No. 3	No. 1,No. 2 和 No. 3	4529

  对于本章算例 1，在重构的基础上快速发射一颗卫星（No. 1），则平均轨道响应时间 MORT 从原来的 59266s 降至 9615s（缩短了约 13.8h）。对于本章算例 2，重构的基础上，如果快速发射一颗卫星（No. 2），则 MORT 从原来的 59266s 降至 11478s（缩短了约 13.3h）；如果快速发射两颗卫星（No. 1 和 No. 2），则 MORT 从原来的 59266s 降至 6310s（缩短了约 14.7h）；如果快速发射三颗卫星（No. 1，No. 2 和 No. 3），则 MORT 从原来的 59266s 降至 4529s（缩短了约 15.2h）。

  算例分析表明，多星组网模式并不是在轨重构和快速发射模式的简单相加，通过卫星配置和部署优化来提高面向移动目标的响应能力是我国在空间力量发展现状下的经济可行方案。

5.5 本章小结

  多星组网模式是在快速发射模式(第 3 章)和在轨重构模式(第 4 章)的研究基础上，进一步考虑了面向移动目标的卫星配置与部署优化问题。本章构建了多星组网的优化模型，包括考虑鲁棒性的多星组网评估模型、基于 Lambert 的轨道转移模型；提出了面向决策偏好的多目标优化算法，通过设计决策偏好集成方式和定义 IR 占优支配关系，使该算法只对特定区域进行搜索，获得用户感兴趣的局部 Pareto 前沿。通过算例分析，验证了本章提出的方法在对移动目标观测时，能显著降低目标的 MORT，并具有较好的鲁棒性。

第6章
发展趋势分析

  随着空间应用日益广泛和深入,以及应急观测保障需求的剧增,多个国家已经开始发射小卫星构建 ORS,我国已经发射快速响应小卫星,可见,ORS 将在国家空间系统中发挥愈加重要的作用。当前 ORS 的发展不仅在硬件、软件上涌现出许多需要解决的新问题,还缺少定量的、针对问题特点的方法来支持 ORS 的配置、优化部署与决策。

  本书依据我国空间力量发展现状和趋势,以在轨运行的卫星(包括小卫星和传统卫星)和地面存储(或部署在潜伏轨道)的快速响应卫星为研究对象,充分结合传统空间力量和快速响应空间资源,系统地研究了不同应急情况下的快速响应模式和应用流程,对 ORS 体系的效能评估、配置与部署优化、多目标决策等关键问题进行了研究,并提出了相应的优化与决策方法,探索性地研究了 ORS 效能评估、配置与部署优化问题,并取得了一些成果。但是,由于快速响应空间现阶段应用模式有待完善,很多概念和方法都处于探索阶段,使得本书的研究仍有很多值得深入的方面。围绕 ORS 部署设计,未来的发展趋势主要包括以下方面。

1. ORS 新概念、新模式的研究

  ORS 的特点是时效性和战术服务,下一步需要面向新的挑战,探讨新的应用模式。未来挑战可以分为两类:一是任务需求的转变,目前卫星任务规划需提前一天到数天进行,对于民用和军事中时效性要求较高的任务不能进行快速响应,失去了有关情报的价值,ORS 虽然在一定程度上缓解了应急任务带来的

挑战,随着应急任务的需求越来越多,快速响应常态化仍然是 ORS 管控方面临的新需求和挑战之一。随着卫星数量增多以及卫星种类逐渐丰富,对管控自动化的需求不断加大,迫切需求减少人工干预和对个人经验的依赖,降低错误率,提高 ORS 系统可靠性,降低成本,向用户更快速地提供有价值的特征和专题信息,实现从"给什么要什么"的模式向"要什么给什么"的模式转变。二是卫星能力快速发展带来的挑战,主要体现在以下几个方面,卫星载荷能力快速发展,已有单一载荷卫星发展为多载荷卫星,不同类型载荷可以实现特性互补;星间链路与通信能力的快速发展,使得卫星之间可用互相引导;星上计算能力提升,星上能够处理观测信息,在星上自主规划和自主决策。上述卫星能力快速发展,使得低轨多载荷自主协同和高低轨多星自主协同成为未来主要应用模式。针对以上挑战,研究面向未来应用场景的一些新需求,通过新需求催生新概念,新概念促进新模式,从而不断完善 ORS 体系的应用范畴。

2. 考虑并行计算,提高求解效率

在 EOSS 顶层设计参数优化问题的求解中,由于仿真耗费了大量的计算时间,尤其随着问题规模的扩大和仿真精度的提高,以及目标函数的增多,单次仿真所消耗的时间呈指数增加。虽然试验设计可以通过控制仿真点的分布来减少所需试验的次数,但这种串行的仿真效率较低,时间依然是限制算法使用的瓶颈。因此,在今后的研究中,应通过并行的方式来提高仿真效率;同时考虑对问题的设计空间进行划分,采用并行算法对问题空间进行搜索,即通过物理和算法的并行改善对问题的求解效率。

3. 构建更加完善的评估指标,考虑多目标优化

在实际应用尤其工程设计中,性能优化固然重要,但不能为了追求性能提高而忽略达到该性能所需要的成本。本书作为探索性研究只考虑了在轨调整的机动成本,在发射时,由于国内尚未形成成熟的成本模型,只是简单将发射数量作为成本来估算,下一步可将成本估算进一步细化。另外,快速响应体系除了空间系统外,还包括发射系统和地面应用系统。在实际应用中,响应时间包括发射过程中的时间成本和在地面应用系统中数据接收、处理、分发所消耗的时间。因此,结构优化不仅仅存在于空间系统,而且需要对 ORS 系统涉及的各个组成部分进行结构优化,从而缩短应急任务的响应时间。因此,下一步需要考虑更多实际约束,不断完善对 ORS 体系的评估体系,并进行多目标优化。

4. 面向移动目标的应急观测

移动目标协同侦察具有很强的时效性、不确定性和复杂性,要求时域、空域、频域多手段协同配合。如何准确把握作战意图,对侦察需求进行合理的筹划,形成具有内在时空逻辑约束关系的动态任务网络,是动态组织各类侦察手段,生成有效侦察计划的重要保障。本书通过构建多阶段的效能评估模型来提高方案对移动目标的鲁棒性,但鲁棒性依赖于阶段划分的粒度,对于高速运动的目标,不能反映出目标运动的实时性。对海洋移动目标跟踪监视的难点之一在于对目标移动位置的预测和观测之后目标位置的状态估计。海洋移动目标预测本质上是运动目标预测的一种。鉴于海洋移动目标的运动方式和机动能力,以及海洋目标观测手段的多样性及其应用上的特殊性,海洋移动目标预测有其新特点和待解决的新问题。由于海洋移动目标具有广阔的活动范围和较强的机动能力,观测机会往往需要相对较长的时间间隔,对海洋移动目标进行中长期的运动预测是一个难点。另外,观测手段的多样性和观测信息的不完整性也给目标预测后的状态更新带来一定的困难。

　　下一步,一是建立海洋移动目标运动预测方法集,以适用于复杂的目标运动预测需求,尤其是对海洋移动目标进行中、长期的运动预测;二是根据海洋移动目标特点和侦察需求,基于粒子滤波,建立海洋移动目标跟踪的状态估计方法,利用多源的、不完整的观测信息,更新对目标预测后的目标状态估计,并妥善处理多目标区分、地理条件约束等问题。突破上述难点,将实现符合海洋移动目标运动特点、考虑海洋环境和地理条件的目标预测,建立妥善处理多源不完整观测信息、便于搜索规划方法对接的目标状态描述方式和状态估计方法,为后续快速响应资源调度和观测行动选择提供计算基础和决策依据,并构建考虑鲁棒性的效能评估指标。

5. 无人机、临近空间和快速响应卫星相协同的快速响应体系研究

　　本书研究的 ORS 考虑了传统航天资源和快速响应卫星的协同,构建的是一种天基快速响应体系。随着我军使命任务的不断拓展、作战方式的不断转变,以及杀伤链对侦察资源协同、信息融合需求的不断提高,迫切需要针对联合作战条件下无人机、临近空间和快速响应卫星协同侦察需求,探索全新的快速响应流程和协同应用模式,突破面向任务的快速响应空间需求分析、面向联合指挥协同的情报资源跨域协同运控架构、以任务为中心的协同侦察需求筹划、基于约束推理的多任务需求冲突协调、面向联合侦察获情的动态滚动调度等一系列关键技术,构建一个多维立体快速响应体系,开展"平台互联、协同传感、应用服务、快速响应"的创新理念和技术演示验证,通过无人机、临近空间和快速响应卫星的联合筹划、跨域协同和一体应用,形成多维联合感知、时域空域频域全

域覆盖的快速响应能力。

6. 分布式协同的双层任务规划架构技术

协同任务规划需要统筹考虑可见光、高光谱、SAR 等成像卫星、电子侦察卫星以及雷达等多种手段的协同配合问题,这些资源隶属于不同部门,且需要协调的数据链路环节众多,这些特点使得问题的复杂性非常高。因此,必须基于双层规划理论,研究构建分布式协同的双层任务规划架构,上层解决各类资源对任务的协同分配问题,主要面向统一接收管理的多任务需求,根据各类侦察资源与任务的能力匹配关系、动态任务约束网络的时空逻辑约束关系以及用户偏好,利用任务可调度性预测方法,建立高效的协同任务分配策略和机制,将各类侦察资源按时间窗口分配给具体的任务单元,并尽量保障分配方案的可行性,避免反复交互。下层解决各型号卫星的优化调度问题。该技术的突破是降低问题复杂性,提高优化决策效率和效果的必然要求。

参 考 文 献

［1］ 李新洪,张育林. 美军"作战响应空间"分析及启示［J］. 装备指挥技术学院学报,
2008,18（6）:33-36.

［2］ 王永刚,刘玉文. 军事卫星及应用概论［M］. 北京:国防工业出版社,2003.

［3］ 曾华锋,夏洪流,周刚. 现代侦察监视技术［M］. 北京:国防工业出版社,2001.

［4］ 张钧屏,方艾里,万志龙. 对地观测与对空监视［M］. 北京:科学出版社,2001.

［5］ 总装备部卫星有效载荷及应用技术专业组应用技术分组. 卫星应用现状与发展［M］.
北京:中国科学技术出版社,2001.

［6］ TOL J V,GUNZINGER M,KREPINEVICH A,et al. AirSea Battle:A Point-of-Departure
Operational Concept［R］. DTIC Document,2010.

［7］ 潘清,廖育荣,等. 快速响应空间概念与研究进展［M］. 北京:国防工业出版社,2010.

［8］ 高永明,吴钰飞,等. 快速响应空间体系与应用［M］. 北京:国防工业出版社,2011.

［9］ 王芳,白鹤峰,王远振. 快速空间响应系统发展初探［C］//快速空间响应系统技术研
讨会论文集. 北京:2007.

［10］ 李大光. 论制天权［J］. 中国军事科学,2003,16(2):18-23.

［11］ 李德仁. 对地观测与抗震救灾［J］. 测绘科学,2009,(1):8-10.

［12］ 吴勤. 作战响应空间发展研究［J］. 航天电子对抗,2009,(5):8-11.

［13］ 王景泉. 美国加速"作战快速响应太空"计划［J］. 国际太空,2007,2:8-14.

［14］ SEGA R M. Plan for Operationally Responsive Space［A］. A Report to Congressional De-
fense Committees［C］. 2007 of Conference. Pages.

［15］ 张志鸿. 美国空间军事系统发展新动向［J］. 现代防御技术,2006,34（5）:1-12.

［16］ DOGGRELL L. Operationally responsive space:a vision for the future of military space
［R］. DTIC Document,2006.

［17］ KNIGHT D. Concept of Operations for Operationally Responsive Space［J］. American In-
stitute of Aeronautics and Astronautics,2006.

［18］ 姚娜. 快速响应空间体系结构及关键技术发展现状［J］. 第二十三届全国空间探测
学术交流会论文摘要集,2010.

［19］ 刘杰,及莉,郑威. 快速响应卫星概念及关键技术研究［C］//快速空间响应系统技术
研讨会论文集. 北京:2007.

[20] 林飞,刘晓恩. 作战及时响应空间——探索新的转型能力 [J]. 中国航天,2008, (12):24-26.

[21] 关晖,唐治华. 发展我国高分辨率资源卫星的技术途径及应用前景 [C]//首届中国宇航学会学术年会. 北海:2005 of Conference. Pages.

[22] 吴志刚,周志鑫. 航天侦察快速响应空间应用需求分析 [C]//快速空间响应系统技术研讨会论文集. 北京:2007.

[23] 董正宏,廖育荣,高永明. 我国空间快速响应体系结构发展模式 [J]. 国防科技, 2009,(4):47-50.

[24] SALEH J H,DUBOS G. Responsive space:Concept analysis,critical review,and theoretical framework [C]. AIAA Space. 2007.

[25] 成今吾. 现代小卫星及其应用 [J]. 空间电子技术,1997,1:007.

[26] 商旭升,江丽雅. 快速响应空间技术发展现状与趋势 [J]. 论证与研究,2008,(3): 16-19.

[27] 高永明,吴钰飞. 快速响应空间体系与应用 [M]. 北京:国防工业出版社,2011.

[28] SEO D,MARTIN L. Responsive Range Operations [C]//4th Responsive Space Conference. 2006.

[29] WERTZ J R,VAN ALLEN R E,SHELNER C J. Aggressive surveillance as a key application area for responsive space [C]//4th Responsive Space Conference. Los Angeles: AIAA. 2006.

[30] KNELLER E W,EDWARD W. National Security Space Office Responsive Space Operations Architecture Study - Preliminary Results [C]//4th Responsive Space Conference. 2006.

[31] 潘清,廖育荣. 快速响应空间概念与研究进展[M]. 北京:国防工业出版社,2010.

[32] WERTZ J R. ORS Mission utility and measures of effectiveness [C]//6th Responsive Space Conference,Los Angeles,CA. 2008.

[33] 贺勇军. 面向效能优化的复杂多卫星系统综合建模与仿真方法研究 [D]. 国防科学技术大学,2004.

[34] 郭齐胜,郓志刚,杨瑞平. 装备效能评估概论 [M]. 北京:国防工业出版社,2005.

[35] 郗晓宁,王威,高玉东. 近地航天器轨道基础 [M]. 长沙:国防科技大学出版社,2003.

[36] Ravanbakhsh A,Mortazavi M,Roshanian J. Multidisciplinary design optimization approach to conceptual design of a leo earth observation microsatellite [C]//Proceeding of AIAA SpaceOps 2008 Conference. 2008.

[37] VALLADO D A. Fundamental of astrodynamics and applications,third ed. [M]. CA:Microcosm Press and Springer,2007.

［38］ WERTZ J R. Coverage,Responsiveness,and Accessibility for Various 'Responsive Orbits' ［C］//3rd Responsive Space Conference,Los Angeles,CA. 2005.

［39］ OIKONOMOU V,Optimal Orbital Coverage of Theater Operations and Targets. In Applications of Mathematics and Informatics in Military Science,–Springer:2012:151–186.

［40］ CURTIS H. Orbital mechanics for engineering students ［M］. Butterworth–Heinemann, 2013.

［41］ OMARABDELKHALIK O,MORTARI D. Orbit design for ground surveillance using genetic algorithms ［J］. Journal of guidance,control,and dynamics,2006,29（5）:1231–1235.

［42］ PRICE K,STORN R M,LAMPINEN J A. Differential evolution:a practical approach to global optimization ［M］. Springer,2006.

［43］ VESTERSTROM J,THOMSEN R. A comparative study of differential evolution,particle swarm optimization,and evolutionary algorithms on numerical benchmark problems ［C］// Evolutionary Computation,2004. CEC2004. Congress on. IEEE,2004.

［44］ STORN R,PRICE K. Differential evolution – a simple and efficient heuristic for global optimization over continuous spaces ［J］. Journal of global optimization,1997,11（4）:341– 359.

［45］ LAMPINEN J,ZELINKA I. Mixed integer–discrete–continuous optimization by differential evolution ［C］//Proceedings of the 5th International Conference on Soft Computing. Citeseer,1999.

［46］ 徐斌. 基于差分进化算法的多目标优化方法研究及其应用 ［D］. 上海:华东理工大学,2013.

［47］ GÄMPERLE R,MÜLLER S D,KOUMOUTSAKOS P. A parameter study for differential evolution［J］. Advances in intelligent systems,fuzzy systems,evolutionary computation, 2002,10:293–298.

［48］ RAHNAMAYAN S,TIZHOOSH H R,SALAMA M MA. Opposition–based differential evolution ［J］. Evolutionary Computation,IEEE Transactions on,2008,12（1）:64–79.

［49］ 杨振宇,唐珂. 差分进化算法参数控制与适应策略综述 ［J］. 智能系统学报,2011,6 （5）:415–423.

［50］ KAELO P,ALI M M. A numerical study of some modified differential evolution algorithms ［J］. European Journal of Operational Research,2006,169（3）:1176–1184.

［51］ YANG Z Y,YAO Xin,HE Jingsong. Making a difference to differential evolution［C］//In Advances in metaheuristics for hard optimization. Springer:2008:397–414.

［52］ YANG Zhenyu,TANG Ke,YAO Xin. Self–adaptive differential evolution with neighborhood search ［C］//Evolutionary Computation,2008. CEC 2008.（IEEE World Congress on Computational Intelligence）. IEEE Congress on. IEEE,2008.

［53］ ZHANG Jingqiao，SANDERSON A C. JADE：adaptive differential evolution with optional external archive［J］. Evolutionary Computation，IEEE Transactions on，2009，13（5）：945-958.

［54］ ZAMUDA A，BREST J，BOSKOVIC B，et. al. Differential evolution for multiobjective optimization with self adaptation［C］//IEEE Congress on Evolutionary Computation. 2007.

［55］ ZITZLER E，THIELE L. Multiobjective evolutionary algorithms：a comparative case study and the strength Pareto approach［J］. Evolutionary Computation，IEEE Transactions on，1999，3（4）：257-271.

［56］ HURLEY M，HAUSER J，DUFFEY T. Microsatellite Deployment On Demand［C］//Proceedings of the 1st AIAA Responsive Space Conference，Redondo Beach，CA. 2003.

［57］ ABDELKHALIK O，MORTARI D. Orbit design for ground surveillance using genetic algorithms［J］. Journal of guidance，control，and dynamics，2006，29（5）：1231-1235.

［58］ GLOBUS A，CRAWFORD J，LOHN J，et. al. Scheduling earth observing fleets using evolutionary algorithms：Problem description and approach［C］//Proceedings of the 3rd International NASA Workshop on Planning and Scheduling for Space. 2002.

［59］ 孙凯. 敏捷对地观测卫星任务调度模型与优化算法研究［D］. 长沙：国防科学技术大学，2013.

［60］ 刘文卿. 实验设计［M］. 北京：清华大学出版社，2005.

［61］ BREST J，GREINER S，BOSKOVIC B，et. al. Self-adapting control parameters in differential evolution：A comparative study on numerical benchmark problems［J］. Evolutionary Computation，IEEE Transactions on，2006，10（6）：646-657.

［62］ 陈盈果. 基于代理模型的对地观测卫星系统顶层设计方法研究［D］. 长沙：国防科学技术大学，2010.

［63］ WECK O L D，SCIALOM U，SIDDIQI A. Optimal reconfiguration of satellite constellations with the auction algorithm［J］. Acta Astronautica，2008，62（2）：112-130.

［64］ PARK H，PARK S Y，CHOI K H. Satellite formation reconfiguration and station-keeping using state-dependent Riccati equation technique［J］. Aerospace Science and Technology，2011，15（6）：440-452.

［65］ AHN Y T，SPENCER D B. Optimal reconfiguration of a formation-flying satellite constellation［C］//53rd International Astronautical Congress of the International Astronautical Federation（IAF），Houston，TX. 2002.

［66］ FERRINGER M P，SPENCER D B，REED P. Many-objective reconfiguration of operational satellite constellations with the large-cluster epsilon non-dominated sorting genetic algorithm-II［C］//Evolutionary Computation，2009. CEC'09. IEEE Congress on. IEEE，2009.

［67］ PALUSZEK C P S,MUELLER J B. A Decision Support Framework for On-Orbt Reconfig-uration of Space Assets［C］//AIAA Reinventing Space Conference 2011.

［68］ TWIGGS R,MALPHRUS B,WERTZ J R,et. al. Space Mission Engineering：The New SMAD［Z］. Microcosm Press：Hawthorne,CA,USA,2011.

［69］ 郦苏丹,朱江,李广侠. 采用遗传算法的低轨区域通信星座优化设计［J］. 通信学报, 2006,26（8）：122-128.

［70］ 胡修林,王贤辉,曾喻江,等. 基于遗传算法的区域性 Flower 星座设计［J］. 华中科技大学学报：自然科学版,2007,35（6）：8-10.

［71］ SU Zhigang,WANG Peihong,SHEN Jiong,et. al. Automatic fuzzy partitioning approach using Variable string length Artificial Bee Colony（VABC）algorithm［J］. Applied Soft Computing,2012,12（11）：3421-3441.

［72］ RYERKERK M,AVERILL R,DEB K,et. al. Optimization for Variable-Size Problems Using Genetic Algorithms［C］//Proceedings of the 14th AIAA/ISSMO Multidisciplinary Analysis and Optimization Conference,Indianapolis. USA：2012.

［73］ 周树德,孙增圻. 分布估计算法综述［J］. 自动化学报,2007,33（2）：113-124.

［74］ BLASCO X,HERRERO J M,SANCHIS J,et. al. A new graphical visualization of n-dimen-sional Pareto front for decision-making in multiobjective optimization［J］. Information Sci-ences,2008,178（20）：3908-3924.

［75］ 毕晓君,李博. 基于决策偏好信息的 n 维 Pareto 前沿可视化［J］. 系统工程与电子技术,2013,35（3）：557-563.

［76］ DEB K,MOHAN M,MISHRA S. Evaluating the epsilon-domination based multi-objective evolutionary algorithm for a quick computation of Pareto-optimal solutions［J］. Evol Com-put. ,2005,13（4）：501-525.

［77］ http：//www. agi. com/products/.

［78］ ZHANG J X,CAO X B,LAN S G,et. al. Integrated Design Based Plug-and-Play Small SAR Satellite Project［C］//In Small Satellite Missions for Earth Observation. Springer：2010：371-375.

［79］ WALL B J,CONWAY B A. Genetic algorithms applied to the solution of hybrid optimal control problems in astrodynamics［J］. Journal of global optimization,2009,44（4）：493-508.

［80］ 慈元卓,白保存,阮启明,等. 多星侦察移动目标：一种基于潜在区域的求解策略［J］. 传感技术学报,2008,21（6）：1015-1019.

［81］ 贺泉,韩潮. 基于双蚁群优化的快速轨道转移［J］. 上海航天,2010,27（5）：36-40.

［82］ 王威,于志坚. 航天器轨道确定——模型与算法［M］. 北京：国防工业出版社,2007.

［83］ DEB K,KUMAR A. Interactive evolutionary multi-objective optimization and decision-making using reference direction method [C]//Proceedings of the 9th annual conference on Genetic and evolutionary computation. ACM,2007.

[84] DEB K,SUNDAR J,RAO N U B,et. al. Reference point based multi-objective optimization using evolutionary algorithms [J]. International Journal of Computational Intelligence Research,2006,2 (3):273-286.

[85] SAID L B,BECHIKH S,GHÉDIRA K. The r-dominance:a new dominance relation for interactive evolutionary multicriteria decision making [J]. Evolutionary Computation,IEEE Transactions on,2010,14 (5):801-818.

[86] 韩潮,谢华伟. 空间交会中多圈 Lambert 变轨算法研究 [J]. 中国空间科学技术,2005,24 (5):9-14.